国际科技评估方法与实践

陆　娇　毛开云　赵晓勤　主编

科学出版社

北　京

内 容 简 介

科技评估作为科技管理的重要手段，贯穿于科技活动的全过程，在优化资源配置、营造创新环境、推动科技健康发展等方面发挥着重要的导向作用。与发达国家相比，我国科技评估工作起步较晚，科技评估体系与方法应用还不完善。因此，本书以发达国家的科技评估体系为研究对象，选取美国、加拿大、澳大利亚、英国、德国、日本、瑞士、欧盟等国家或地区组织，对科技评估体系、方法、指标、过程及实践进行了较为系统的研究，以期为我国科技评估工作提供启示和借鉴。本书首先阐述了科技评估的概念、演进及面临的挑战，从而进一步说明科技评估包含的基本要素；接着分析了国际科技评估体系；然后分别阐述了国际科技评估方法、对象、指标、流程等；最后介绍了国际科技评估的案例，以及国际经验对我国科技评估改革的启示。

本书的读者对象为科技评估领域的社会从业人员和研究人员，科技政策领域的制定、研究和执行人员，以及科技管理领域的教学、研究及管理人员等。

图书在版编目（CIP）数据

国际科技评估方法与实践/陆娇，毛开云，赵晓勤主编. —北京：科学出版社, 2017.3

ISBN 978-7-03-052063-0

Ⅰ. ①国… Ⅱ. ①陆… ②毛… ③赵… Ⅲ. ①科学技术–评估方法 Ⅳ. ①G311

中国版本图书馆 CIP 数据核字(2017)第 047645 号

责任编辑：罗　静　岳漫宇 / 责任校对：郑金红
责任印制：吴兆东 / 封面设计：北京铭轩堂广告有限公司

科学出版社 出版
北京东黄城根北街 16 号
邮政编码：100717
http://www.sciencep.com
北京厚诚则铭印刷科技有限公司印刷
科学出版社发行　各地新华书店经销
*
2017 年 3 月第 一 版　开本：B5 (720×1000)
2025 年 1 月第五次印刷　印张：8 1/4
字数：166 000
定价：75.00 元

(如有印装质量问题，我社负责调换)

《国际科技评估方法与实践》
编写委员会

主　编　陆　娇　毛开云　赵晓勤

副主编　陈大明　江洪波　于建荣

编写人员（按姓氏拼音排序）

安　勇　陈大明　陈　桦　陈　赟　范月蕾

黄雁萍　江洪波　刘　剑　刘樱霞　陆晨洁

陆　娇　马征远　毛开云　苏　琴　孙迟临

王恒哲　王立伟　王　琼　王　跃　杨　露

于建荣　袁银池　张爱平　赵晓勤

前　　言

随着全球经济竞争的不断加剧，各国政府都越来越关注研究、创新和技术（research, innovation and technology, RIT）政策的构建，试图通过这些政策提升国家和区域的经济水平。与此同时，新的产业合作和商业化模式、“互联网+”和知识管理的发展，以及科学技术范式的发展，都促使科研经费的提供方和执行方重新审视其研究、创新和技术的发展重点、工作方式及体制结构等。

在这样的背景下，科技评估在促进全社会科技创新、提高管理决策水平、优化资源配置、加强监督问责和提高绩效等方面发挥了越来越重要的功能。

发达国家的科技评估工作起步较早，并且在不断地发展。例如，2015 年 4 月，英国《自然》杂志发表了 Diana Hicks 与 Paul Wouters 等撰写的文章《文献计量学：科研评价十原则莱顿宣言》，在分析科学研究成果和人才评价现状的基础上，提出科学利用文献计量方法，合理设置有针对性的评价指标，客观、公正地进行科研评价的 10 项原则。

我国的科技评估工作起步较晚，但在近年的国家创新驱动发展战略下，也越来越重视政府的职能转变、科技评估管理，并在 2016 年 12 月制定了《科技评估工作规定（试行）》，从评估内容分类、组织实施、质量控制、评估结果与应用、能力建设和行为准则方面，提出了共性的要求。

相比发达国家，我国的科技评估体系与方法应用还不尽完善，因此，本书以发达国家的科技评估体系为研究对象，选取美国、加拿大、澳大利亚、英国、德国、日本、瑞士、欧盟等国家和地区组织，对科技评估体系、方法、指标、过程及实践进行了较为系统的研究，以期为我国科技评估工作者提供借鉴和启示。

2017 年 3 月

前　言

[illegible]

目　　录

第一章　科技评估概述

陈大明　陆　娇　于建荣

（中国科学院上海生命科学信息中心）

目前，我国科技发展已经从以跟踪为主，转向跟踪和并跑、领跑并存的新阶段，正处于从量的积累向质的飞跃、从点的突破向系统能力提升的重要时期，在国家发展全局中的核心位置更加凸显，在全球创新版图中的地位进一步提升，已成为具有重要影响力的科技大国。

国家在“十三五”规划中提出，“改革科技评估制度，建立以科技创新质量、贡献、绩效为导向的分类评估体系，正确评估科技创新成果的科学价值、技术价值、经济价值、社会价值、文化价值。推进高等学校和科研院所分类评估，实施绩效评估，把技术转移和科研成果对经济社会的影响纳入评估指标，将评估结果作为财政科技经费支持的重要依据。推行第三方评估，探索建立政府、社会组织、公众等多方参与的评估机制，拓展社会化、专业化、国际化评估渠道。完善国民经济核算体系，逐步探索将反映创新活动的研发支出纳入GDP核算，反映无形资产对经济的贡献，突出创新活动的投入和成效。改革完善国有企业评估机制，把研发投入和创新绩效作为重要考核指标”。这为科技评估事业的发展提供了良好的环境，同时也为科技评估在研究、创新和技术（research，innovation and technology，RIT）治理过程中的作用提出了很高的要求。

从世界范围看，美国、英国、法国等发达国家对科技评估方法的研究和实践起步较早，在科技评估的制度化和规范化方面取得了大量的研究成果，并不断完善其科技评估体系。这些发达国家对科技评估方法的研究和实践经验，以及对我国科技评估工作的开展具有重要参考意义。

本章通过阐述科技评估的概念、演进历程，科技评估遇到的挑战，从而进一步说明科技评估包含的主要要素。

一、科技评估的概念

（一）科技评估的内涵

英文“Evaluation”和德文的“Bewertung”意为“评估”或“评价”。科技评估主要是通过比较完善的评估程序、评估指标、评估方法、评估规范对科技系统内部及其相关环境中的各种活动的实际作用、影响和效果，进行客观、公正、科学评估的行为过程。简言之，科技评估是对科技活动的评估[1]。在许多国家中，对科技项目质量和水平的评估采取科技评估的方式，这种方式也是对科研项目及研究人员工作成绩的一种认定。科技评估是科技宏观管理的重要环节，各国政府都很重视科技评估工作。许多发达国家已逐步建立了一整套科技评估体系和规范，并建立了各种科技评估机构。

（二）科技评估的外延

国外科技评估不是一项仅仅在研究与发展后期或研究与发展完成后才开始的活动，而是与研究过程结合成整体的一部分，它是一个连续的过程。国外科技评估的目的，主要是提高被资助项目的研究水平，改进项目的研究开发策略；向政府资助机构反映项目进展情况和项目成果；为新的资金支持提供决策依据。从主要发达国家的科技评估工作来看，在市场经济条件下，通过科技评估，可以对项目、科研机构、科研人员等实现优胜劣汰，引发竞争机制；通过科技评估，可以实现人力、资金和科研项目等资源的优化配置。从而推进研究与开发工作，增强科技实力和本国国力。

二、科技评估的演进

美国是最早开展科技评估的国家之一，自20世纪初美国开展科技评估以来，经过一个世纪的发展，科技评估已受到世界许多国家的重视。特别是近20年，随着科学技术的迅猛发展，为了提高科技决策的科学性，各国的科技评估活动十分活跃，科技评估已成为许多国家科技管理过程中不可缺少的重要环节和手段，这些国家对重大科技政策、重点科技领域、科研计划和科技项目的制订与实施，以及科研机构、科技人员的管理都运用了科技评估手段。从科技评估立法、评估机构管理到评估理论和方法、评估程序和指标体系的建立等均有较为成熟的实践经验和规范。同时，各国间科技评估活动的交流日益密切。联合国开发计划署的评估办公室（UNDPEO）在领导成员国开展科技评估活动方面扮演了重要角色，不定期地组织或赞助科技评估国际交流活动的开展。一些非政府的评估协会，也纷纷活跃在科技评估国际交流的舞台上。

这里以美国为例，说明科技评估的演进历程。自第二次世界大战结束以来，美国科技评估的重点伴随着研究和创新的政策框架经历了三个主要阶段（图 1）。

---

1 刘继芬. 国外科技评估机构、方法的比较研究及对我国的科技成果管理工作的启示[J]. 农业科技管理, 2001, 20(1): 50-53

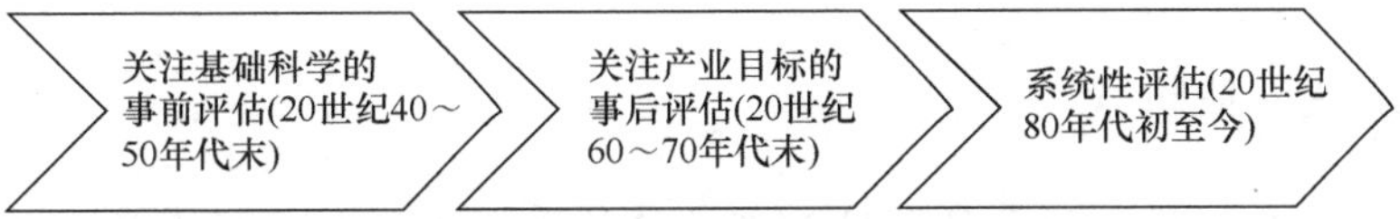

图 1　科技评估的演进历程

（一）关注基础科学的事前评估阶段

范内瓦尔-布什（Vannevar Bush）在 1945 年向美国总统提交的《科学，无止境的边疆》这份报告，不仅仅影响了时任美国总统杜鲁门促进美国科学发展的思路，更打下了美国至今的科技政策的基石。

报告中提出，美国在第二次世界大战期间积累了大量的前沿科技，但这些前沿科技是以大量的基础性研究作基础的。虽然美国制造了原子弹，但其核心知识来自于一群伟大的欧洲物理学家多年积累的基础研究。所以，美国政府不应该以行政指令的方式来确定科研方向，而基础研究必然为社会带来广泛且丰厚的利益，政府只需管好钱口袋并鼓励大学与科研机构开展基础研究。至于经费的获取，由大学与研究机构之间相互竞争，再由企业在市场需求的刺激下将其产业化。

范内瓦尔-布什认为，“据统计，有推广应用价值的重大发现必然源于前期的基础研究，而后期的应用开发成果则是无法准确预测的”。因此，这一阶段科技评估的重点是基础科学研究的事前评估。

（二）关注产业目标的事后评估阶段

随着时间的推移，越来越多的人认识到，停留在实验室的基础科学研究成果几乎没有带来任何经济效益。仅仅应用于国防这样政府市场的技术，与那些成功应用于商业市场的技术相比，特别是与应用于国际市场的技术相比，所提供的经济效益也要小得多。科技评估除了要对所投入公共资金的使用问责之外，还必须为经济增长、经济竞争力和可持续发展做出贡献，这一阶段的评估开始关注重要技术的产业目标的事后评估，并且评估逐渐从核对是否实现了具体的产业目标，过渡到宏观层面是否获益。

20 世纪六七十年代，以任务为导向的“美国阿波罗登月计划”的事后评估只需检查目标是否实现即可。20 世纪 70 年代后，研究开发时的评估更加聚焦在宏观获益方面，而不是针对具体的产业目标。例如，对信息和通信技术研究的激励计划，并不是为了使这一领域保持或更具竞争力，而是首先出于政治合法化的考虑，同时也为了提升该领域的研究能力、责任信念和合作意识。

（三）系统性评估阶段

20 世纪 80 年代，美国的科技创新政策从产业政策中逐渐独立出来，成为政策大系统内一个重要的领域。这一时期，联邦政府不仅加大了科研资金的投入，以战略性的大项目带动国家整体的科技研发活动，促进国家实验室的科研成果向工业部门转化，还颁布了多项促进科技创新的政策法律，推进科技制度的创新。至此，美国政府全面介入科技创新活动之中，成为推动美国科技发展的重要力量。

战略性的大项目，一般进行开放式的研究，预期研究成果是获得广泛的基础知识，从而有可能为解决当前或未来的实际问题打下坚实的基础，这也决定了研究的结果存在不可预见性。因此，20 世纪 80 年代末 90 年代初，为了满足战略性研究评估的新需求，传统的评估方法（包括同行评议、事后评估）等得到了不断改进和完善，这时的科技评估不仅是关于综合评估方法及过程的有效性问题，同时还涉及评估对象的特征。

随着科技发展环境的变化，系统性的科技评估还需要考虑开放式的科技研究发展，并兼顾考虑新的利益相关者和新的维度，这也是科技评估当前面临的主要调整。

三、科技评估面临的挑战

国外的科技评估不是一项仅仅在研究与发展后期或完成后才开始的活动，而是与研究过程结合成整体的一部分，它是一种连续的过程。过去 20 年中，随着科技评估提高了被资助项目的研究水平，改进了项目的研究开发策略，为政府资助资金支持提供了决策依据，科技评估在 RIT 的计划和政策的制定中已经成为不可或缺的重要源泉。

在此期间，科技评估的理论、实践及环境都发生了很多变化，并不断发展。

（一）科技评估的定位需要更加清晰

正如上文中科技评估的演进所述，目前科技评估进入到系统性评估阶段。RIT 的评估与政策之间有着紧密的联系：评估不仅要对科研经费的使用进行问责，对目标的实现进行审查，还要针对政策或计划的相关性及可能的后续措施提供决策支持，这将进一步促使 RIT 评估和其他政策工具相结合，以应对科技战略方面的问题。

从科技评估实践的角度来看，科技评估既包括问责评估，又包括战略问题评估。科技评估所采用的方法，取决于国内外的研究状况和评估所根植的创新制度。问责评估与新的公共管理相关，其重点在于绩效评估。战略问题评估则是为了维护和改善现有的体系，或为战略转变做出预研，从而为决策支持提供依据。问责、战略转变、决策支持这三种科技评估功能构成了一个三角形（图 2）。任何具体的评估活动都具有在三角形中定位的特征。

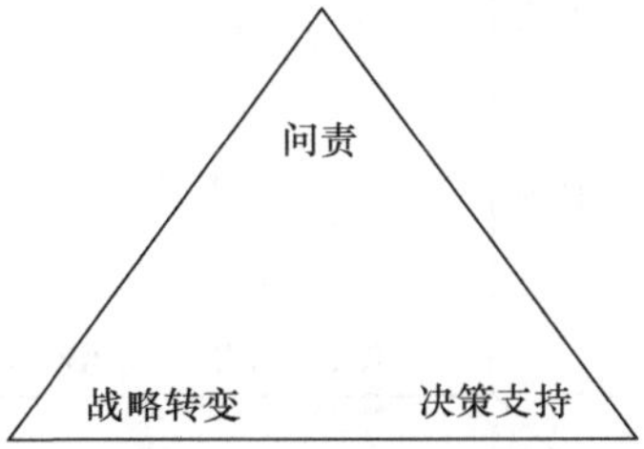

图 2　科技评估功能构成的三角形[2]

图 2 中的三角形不仅是科技评估的一个衡量标准，也反映出科技评估的三种理念。该三角形的纵向延伸包括两种管理方式：一种是审计评估，测度绩效，并为后续措施的改进提供合法化依据（总结功能）；另一种是渐进式学习，发现正在实施或已完成措施的因果联系，这些发现能够为当前和未来的行动计划提供智能信息（形成功能）。图 2 中的三角形底边实际上包括一些管理要素的科技评估类型，这也反映了科技评估的历史。

评估的横向延伸是促使科技评估体系所处环境的变化：科技评估功能的不断演变和丰富成效带来的转型。大多数国家会同时存在两种科技评估模式。

因此，面向不同地域、不同层级的科技评估，更加清晰的定位都应当摆在首要位置。

（二）科技评估执行者进行评估活动的能力

科技评估的范围和规模存在不同层级，图 3 展示了一个三维的评估空间。第一个维度定义了评估的"重点"，包括单个计划、一揽子计划和更广泛的创新政策发展过程。第二个维度是"影响"程度，涉及"影响"的各个层面，包括对直接接受创新计划和创新政策的参与者产生的影响（RIT 参与者，即参与项目的研究人员）；对参与人员所属机构产生的影响（上级组织，通常是公司和大学）；对社会广泛领域（社会、经济、政治等）产生不同类型的影响。第三个维度是"时间"维度，指特定计划和政策影响所对应的短期、中期、长期特性。

迄今为止，从事科技评估的主体主要关注的还是影响的"内层"，即单个计划、RIT 参与者及短期影响。而科技评估人员也在不断努力改善方法，试图了解和评估单个计划在多样化社会环境中产生的长期影响，但是新的挑战是要扩展与三个维度相关的评估方法。这是一项艰巨的任务，如果想为决策者提供其所需的"概述"和"知识"，就必须解决这个问题。

2 菲利普·夏皮拉，斯蒂芬·库尔曼. 科技政策评估——来自美国与欧洲的经验[M]. 北京：科学技术文献出版社, 2015

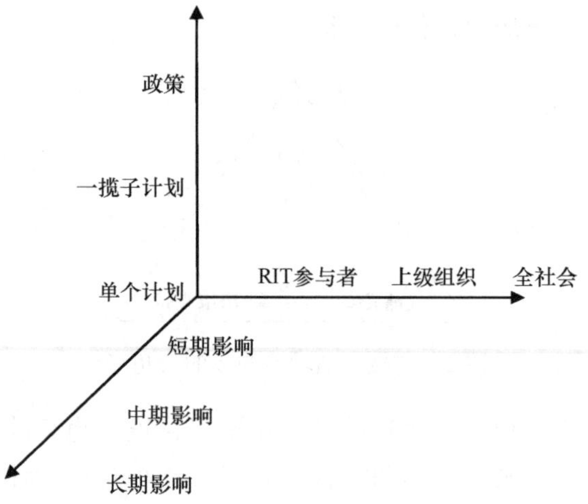

图 3　三维评估空间[3]

（三）开放科技活动预期和非预期影响的判断

技术创新过程的性质正在发生变化，高精尖产品的生产日益需要科学基础、交叉学科或跨学科研究及多种技术路线的融合。科技评估者必须认识并理解正在出现的沟通和互动新模式，从而全面考量 RIT 计划的效益和成本、产生的额外效应及反面的影响。

与此同时，“软创新”的重要性日益提升。设计、人力资源管理、商业流程再造、消费者行为及“人机交互”这些非技术因素对于创新过程的成功至关重要。科技评估者还需考虑各种“软创新”要素，以正确地洞见 RIT 发展的内在动力，并发挥评估在创新体系中的作用。

对 RIT 计划的效益和成本、产生的额外效应及反面影响，以及“软”制度和获取的经验教训很难进行全面评估。为了实现更多目标，RIT 计划变得更加复杂，涉及合作伙伴的联盟、促进研究网络和集群能力的提高等，由此给评估工作带来越来越多的挑战。即使制订了全面的评估策略，评估结果的扩散和使用方面也存在一些问题。

四、科技评估的要素

（一）谁来评估

就科技评估的主体而言，科技部《科学技术评估办法》已有明确的定义，“科

---

3 菲利普·夏皮拉，斯蒂芬·库尔曼. 科技政策评估——来自美国与欧洲的经验[M]. 北京：科学技术文献出版社，2015

学技术评估工作的行为主体包括评估委托方、受托方及被评估方。委托方是指提出评估需求的一方，主要是各级科学技术行政管理部门或其他负有管理科学技术活动职责的机构等；受托方是指受委托方委托，组织实施或实施评估活动的一方，主要包括专业的评估机构、评估专家委员会或评估专家组等；被评估方是指申请、承担或参与委托方所组织实施的科学技术活动的机构、组织或个人”。其中“受托方”即“评估方”。该办法明确界定了评估工作中有关各方的职责，指出“受托方接受委托后，应当根据合同约定制订评估工作方案，在取得委托方认可后，独立开展评估工作，任何组织和个人不得对评估的内容、作用干涉。评估费用应由委托方支出，不得由被评估方支出，以保障评估工作的公平、公正”。

在这些主体中，受托方无疑是整个科技评估执行过程中最重要的主体。以美国为例，美国联邦审计总署、预算管理办公室、内部评估办公室、美国国家科学院国家研究委员会、各种智囊团和咨询公司、学术单位、研究人员和顾问等，都可能成为受托方。

事实上，进入科技评估的门槛并不高，这也导致评估研究人员的不均衡和方法质量上的参差不齐。

（二）何时评估

正如前文所述，科技评估并不是一个新生事物。而在科技评估的演进过程中，一些国家以法律法规的形式规定了需要开展科技评估的时间。例如，美国 1970 年修订的《公共健康服务法》中，规定了给美国国立卫生研究院（NIH）拨款的1%要用于开展项目评估。

而当下，各国分别根据科技项目的设计执行等情况，决定评估的时间。

（三）为何评估

评估的原因往往是设计评估方法的关键。简要说明有以下几点。

1）改善公共部门给予私营部门任何领域的资源分配能力。这里包括了科技计划中普遍存在的政府失灵和寻租。

2）科技财政的绝对支出规模逐渐引起民众对机会成本支出的重视。

3）科技界及其学术共同体要求弱化政策接受度，实行自我监管的过程。

4）对于美国等一些立法保障科技评估的国家而言，其在法律中提出增幅必须系统地提出长期目标和年度目标，将预算要求与目标及结果（成效和目标）联系起来。

（四）评估什么

单纯从“科技评估”或“科学研究评估”这个概念来看，“评估”的对象就是

“科技”或“研究”，这应该是指科学研究活动、研究工作本身，包括科学研究项目，并不涉及其他。因此从狭义上理解的评估对象，是指科学研究活动本身。但是，科学研究活动本身是知识、智力加工的过程，也是一个无形的、不可见的过程，很难直接成为可供评估的客观对象。要使科学研究活动成为可供评估的对象，只能通过两种方式：第一种是从研究活动的有形产出，即学术成果入手，进行评估。通过评估学术成果，对科学研究工作本身的质量、水平、影响等进行间接的评估。第二种是用科研项目、科技计划、研究机构等有形方式来组织科学研究活动。这样，科技评估的对象就比较庞杂，种类繁多，如按学术评估所涉及的具体对象，可分为学术成果评估、学术研究人员评估、学术机构评估、科研项目评估、科研计划评估、学科研究评估、科学政策评估等 7 类。

（五）如何评估

经过几十年的科技评估实践和发展史，主要采取同行评议、用户调查、利益成本分析、案例分析、局部指标、综合局部指标及业绩框架等评估方法对其一定范围内的工作进行评估。

事实上，在具体的科技评估项目中，需要综合运用多种方法。例如，欧盟研发计划评估活动普遍综合运用了三种以上的评估方法。但是，任何一个在技术创新扩散和政策方面有深入研究的专家想要理解对跨学科的解释，都是一件相当艰巨或难应对的任务。具体而言，在科技计划评估中，对交叉技术的评估涉及的问题很多，例如，所有方法中的指标是否或在多大程度上与决策者寻求的目标相吻合；所测量的投入和产出变量之间理论上是否或存在一致；所测量的产出与期望的成效之间是什么关系等。

第二章　国外科技评估体系

毛开云　马征远　安　勇

（中国科学院上海生命科学信息中心）

自20世纪初美国开展科技评估以来，经过一个世纪的发展，科技评估已受到世界许多国家的重视。特别是近二十几年来，各国的科技评估活动十分活跃，科技评估已成为许多国家科技管理过程中不可或缺的重要环节和手段。

由于国情的差别，各国开展科技评估活动的时间不尽相同。最早开展的国家是美国，始于20世纪20年代，美国国会设置了国会研究服务部（Congressional Research Service，CRS），该部门的一个主要任务就是直接针对国会各委员会和议员提出的与科技相关的问题进行研究、分析和评估，其中与科技有关的研究、分析和评估即可认为是科技评估的雏形。经过多年的发展，该项工作在美国已成为制度化、经常性的工作行为，并建立了科技评估支持系统，其完善的评估理论、评估体系、评估机制及丰富的评估内容和形式，吸引了许多国家纷纷效仿；40～60年代，法国、德国、加拿大、日本、丹麦等先后开展了科技评估工作，并建立了相应的评估机构；80年代引入科技评估工作的国家有瑞士、瑞典、英国、澳大利亚、韩国等；近年开展科技评估工作的有西班牙、新西兰和泰国等。随着科技评估活动在科技创新发展中所起到的重要作用，各国对科技评估体系的建设投入也越来越多。以美国、英国、法国、德国、日本等为代表的发达国家都建立起了比较完备的科技评估体系，且经过长期的评估实践，这些国家已经形成了相对稳定而良好的社会评估氛围，为公正、客观评估科技成果建立了社会和法律等各方面的保障机制。

在评估工作的具体实施过程中，各国之间存在着统一的规律，又稍有不同。例如，根据评估工作的流程，国外科技评估工作通常可分为事前评估、事中评估、事后评估三类。美国、德国、法国、日本、英国、瑞士、韩国等国家都进行事前、事中和事后的连续评估，加拿大侧重对项目的事后评估和计划项目的事中评估，瑞典、马来西亚比较重视计划项目的事中评估，但后者同时又选择性地进行项目的事后评估。

一、科技评估的立法保障

科技进步是每一个国家和企业维持经济高速发展的不竭动力。为更好地发挥

“科技是第一生产力”的作用，与时俱进的科技评估体系应成为国家经济发展过程中的一项重要任务。在实施科技评估活动时，用立法的形式将科技评估活动纳入法制的范围是国外开展科技评估的普遍做法。

为保障科技评估活动的规范化和制度化，许多国家制定了相应的法律和法规，通过立法以确保科技评估在各国科技活动中的地位[4]。美国、英国、法国、日本等发达国家作为科技大国，很早就制定了科技评估制度。其中美国、日本的法规政策体系比较完善，包括科技基本法、评估法规、操作指南等。美国是使科技评估活动制度化最早的国家，在美国的影响下许多国家纷纷效仿，也都为科技评估制定了相应的法律。目前通过立法保障科技评估的国家有美国、日本、法国、澳大利亚、韩国和马来西亚等。2000 年，中国科技部颁布了《科技评估管理暂行办法》，标志着我国科技评估工作开始从探索走向规范化、制度化。下面以美国、日本、法国为例简要介绍一下各国关于科技评估的法律法规及相关政策方面的建设概况。

20 世纪初，美国成立了国会服务部，它所进行的与科技有关的研究、分析和评估可以认为是科技评估制度的雏形。然而，科技评估工作在美国的大范围开展是在二战以后。1966 年美国众议院的科学研究和发展委员会（SSRD）在世界上首次提出应该在立法部门设立技术评估机构的想法，并提交给众议院表决。1972 年该议案经多次修改后通过，由总统签署后正式成为法律（即技术评估法）。根据该法，国会设立了技术评估的专门机构——技术评估办公室（OTA）。OTA 的主要任务是为美国国会提供深层次的、技术含量较高的科技评估报告。这类报告是国会及各社会团体进行与技术相关的公共政策分析方面的重要依据。1995 年由于财政压力，OTA 被关闭。OTA 虽然被关闭，但它在美国科技发展中的作用是不容忽视的，至今仍具有很大的影响力。1976 年美国国会通过了《国家科技政策、组织和重点法》，地位相当于美国的科技基本法，这部法律内容涵盖美国科技政策制定的基本方针、联邦科技预算的安排及科学研究的改进等方面，并以立法的形式规定了美国总统办公厅属下科技政策办公室（The Office of Science and Technology Policy，OSTP）的设立。该法案强调美国的科技政策应在联邦政府及州政府的层次上加强国家的技术评估能力和技术计划与政策制定的能力，并对科技评估的政策措施作了进一步规定。1993 年美国第 103 届国会颁布了《政府绩效与结果法案》（*Government Performance and Results Act*，GPRA）。根据 GPRA 的规定，科技评估的概念与制度、美国国会一级的有关科技评估机构的作用、功能、权力和责任都有明确的法律条文予以确定，该法案规定主要是对政府项目的评估。GPRA 确定的评估方法是同行评议和专家评议。由于同行评议的主观性特征，在执行过程中，逐渐用专家评议取代了同行评议，即除了本领域的专家之外，引进了非政府

---

4 顾俊杰，戴昌钧. 科技评估的国际经验分析与借鉴[J]. 科技与经济, 2007, 20(4): 20-22

组织、公共健康组织等研究结果的使用者和那些可以评估项目目标相关性的其他成员。

日本实施“科技立国”的战略，政府对科技的发展非常重视并大力扶植。日本的科技中介服务业发展迅速，形成了较为完整的各类行业评估体系，促进了科技领域的创新和技术成果转化。日本的科技评估法律政策体系完善，对我国的科技评估法律制度建设有很大的借鉴作用。20 世纪 90 年代，日本根据国际形势的变化，相继颁布了一系列与科技评估有关的法律法规。1995 年日本政府颁布了《科学技术基本法》，明确了科技评估的地位；1997 年 8 月，日本科学技术会议审议通过了《国家研究开发评估实施办法大纲指针》。日本科技界认为，科技评估是日本建立新研究体制的关键，因此这一新的评估指针的出台，对日本的科技发展产生了重大和深远的影响。《国家研究开发评估实施办法大纲指针》对评估机构、研究人员和评估者的责任做了明确的规定，阐述了具体的评估方法和操作程序，实施评估的共同原则，选择评估人员和评估时间的标准，以及如何有效地利用评估结果等问题，该指针还指出评估时要注意的几个问题，例如，避免评估带来的超负荷问题，适当地考虑 R&D 的性质，数据指标（发表论文的数量、被引用的次数，专利数量、专利实施情况，对国际水准的贡献度）的利用，研究质量的评定，对技术测试（examination）和短期内难以产生结果的 R&D 评估，以及 R&D 与人类生活方式、社会、自然的协调等。该指针把重点放在研究课题评估和机构评估上，用专门的章节来阐述这两个问题。研究课题评估包括竞争性拨款资助的 R&D 课题评估、计划型 R&D 课题评估、称为大科学的国家特大型重要计划的评估和一般 R&D 课题的评估。机构评估的对象则包括国立科研机构、国立大学和特殊公共法人科研机构，以及作为受托方或联合研究伙伴、利用政府资金的私营部门机构、利用政府补助金的地方政府 R&D 机构、依靠竞争性 R&D 资金的跨部门研究小组等。各个省厅根据该评估指针，依据本省厅的具体情况，纷纷制定了本省厅的评估指南。例如，2002 年 6 月，文部科学大臣批准实施了《文部科学省研究开发评估指南》，该指南是对文部科学省管辖的研发活动进行评估时所应遵循的指导性方针和基本原则。此外，还有经济产业省、劳动省、农林水产省等的评估指针等文件。

法国和中国相似，拥有庞大的公共科研队伍，国家主导的科研系统是整个科技体系的核心部分，科技管理体制也体现出强烈的政府主导特色。1985 年，法国政府颁布法令（第 85-1376 号），从法律上确立了科技评估的地位。第 5 款“研究政策与技术开发的评估”中第 14、第 15 条规定：法国研究与技术开发计划根据各自的指标受到评估。评估的指标和评估方法在计划实施之前就已确定，公共研究机构按照定期评估的程序开展评估，并且国家级的科技计划、项目未经科技评估不能启动。1989 年 5 月，法国成立了国家研究评估委员会，主要任务是评估政府的科研政策、计划、项目、法规，评估公共研究机构，制定有关科技评估的政策、规定，认定评估事务所和人员的资格，培训评估人员。法国科技评估主体要求严格，其评估人员都必须从国家研究评估委员会处取得从业资格，否则所做评估无效。法国有专门的培训机构，经过定期的培训、严格的资格考试后，合格的人员取得资格证，成为评估师，评估人员的专业素质得到了保障。国家研究评估委员会制定了有关法规，以规范评估师的行为，评估师必须遵守，且必须对其所做的评估负法律责任，若存在违法行为将受到法律的制裁。此外，法国于 1984 年成立了国家评估委员会（CNE），负责对高等院校的系统评估；1990 年，成立了法国科技信息观测站（OST），旨在设计和构建科学技术及创新活动的相关科技指标体系，追踪评估法国在欧洲及全球科技发展进程中的作用。

二、科技评估的组织机构

由于世界各国的历史背景不同，各国从事科技评估工作的组织机构设置也有所不同，从组织机构设置上可分为两种属性：政府性的和非政府性的。在组织机构的层次上可分为：国家级、地方级或州级、科研院所和中介机构。本书中以西方的美国和英国及亚洲的日本为例（表 1），对相关的科技评估机构进行总结和比较[5]。

表 1　美、英、日三国的科技评估机构

国家	主要层次	科技评估机构
美国	• 政府科技评估机构	• 美国国会技术评估办公室（OTA）、美国审计总署（GAO）、国会研究服务部（CRS）等
	• 民间评估机构	• 世界技术评估中心（WTEC）、美国管理科学开发咨询公司（MSD）等
	• 学术评估机构	• 美国国家科学院（NAS）等
英国	• 研究机构和非政府基金组织的评估机构	• 英国国立研究机构性研究机构、高校和非营利性研究组织、非政府基金组织等
	• 科技中介机构	• 英国科研政策研究所（SPRU）、科技管理研究中心（ETSU）、英国评估系统有限公司等
	• 综合性科技评估机构和由国家直接管理开发的事业评估机构	• 附属总理府的综合科学技术会议的专门评估调查会、科学技术会议政策委员会等
日本	• 专业性评估机构	• 文部科学省的学术审议会和评估促进委员会、经济产业省的科技评估处等
	• 企业型评估机构	• 富士通等
	• 各个研究机构内部评估机构	• 日本理化研究所设立的顾问委员会等

其中，美国的科技评估机构大致分为三个层次：一是政府科技评估机构；二是民间评估机构；三是学术评估机构。主要的科技评估机构有：美国国会技术评估办公室（OTA）、美国管理科学开发咨询公司（MSD）、世界技术评估中心（WTEC）、国会预算局（CBO）、国会研究服务部（CRS）、美国审计

5 杨飞，樊一阳. 中外科技评估制度比较研究[J]. 科研管理，2016, s1: 652-658

总署（GAO）等。

法国的科技评估体系相当完善，并形成了从宏观到微观对国家科技发展目标、科技政策和国家财政系统投入的客观监督系统，从而增加了政府的科学化、民主化管理，其评估体系分为四个层次：一是国会选择评估局，评估范围仅限于能源、环境、新材料和生命科学四大领域；二是国家研究评估委员会，主要任务包括：评估政府的科研政策、计划、项目、法规，评估公共研究机构执行，制定有关科技评估的政策、规定，认定评估事务所和人员的资格，培训评估人员；三是科研机构及高等教育机构内部的评估体系，主要任务是评估本机构的发展方向，机构内部设置、科研课题、国家投入的合理性，科研人员是否称职；四是中介机构，其主要功能是对科技成果进行分析和评估，构成了科技成果转移业务中的重要一环，如法国科技创新与转移有限公司。

英国的科技评估机构有三个层次：一是研究机构和非政府基金组织的评估机构；二是科技中介机构；三是综合性科技评估机构和由国家直接管理开发的事业评估机构。重要评估机构有：英国科研政策研究所（SPRU）、科技管理研究中心（ETSU）、英国评估系统有限公司。SPRU 是一个很有代表性的评估机构，有 40 位专业技术人员，经费自行筹集，年预算达 300 万英镑，致力于同国家合作，研究范围涉及 4 个领域，即科技政策研究（包括全球经济）、工程、环境和技术发展。

德国的科技评估体系大致分为三个层次：一是联邦和州政府，主要是对国家和政府的重大政策、计划和重大项目进行评估，如国家级大研究中心和大学的创建等；二是科研教育资助组织，主要对本组织资助的项目及本系统的研究单位进行评估，如德意志研究联合会、马普学会、弗朗霍夫学会及洪堡基金会、大学交流基金会等；三是大学和研究所，各大学和研究中心对各自的研究所和课题组进行评估。

根据现行的科技体制，日本的评估体系是一个具有层级性的系统，《科学技术基本法》确立了科技评估的地位，指出了科技评估的意义，明确了政府责任。《科学技术基本计划》提出了科技评估的基本原则。《国家研究开发评价指南》对不同类型科技评估的基本方式和原则进行了规定。各省厅根据《国家研究开发评估指南》制订自身研究开发评估的指南，确定在本省厅实施研究开发评估的对象、目的、方法等事项；此外，各研究开发机构及第三方评估机构，也要根据《国家研究开发评估指南》及各相关省厅研究评估指南，就研究开发评价的对象等事项制订相应规则。在相关指南、规则齐备后，分别由研究开发的实施、推进主体或第三方评估机构，开展具体评估工作（图 4）。

另外，在民间中介机构的分布中，美国民间科技评估机构、英国科技中介机构和日本企业性评估机构等，既保证了科技评估的客观性和公平性，又有效增加了评估活动的合理性。美国学术机构、英国研究机构、日本专业机构都具有完善的组织网络、雄厚的研究资源、成熟的运作机制和显著的社会影响力等特点，

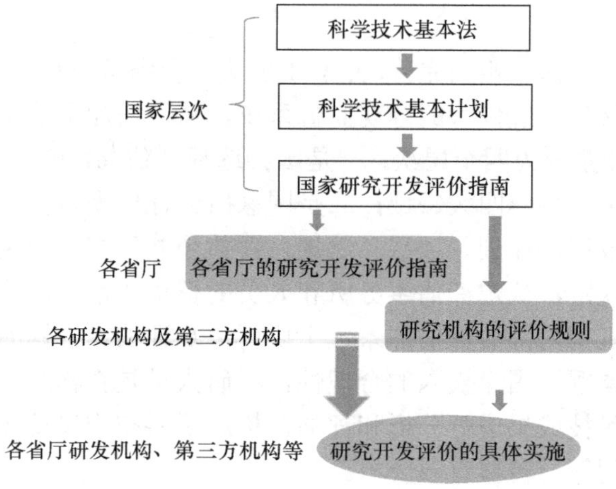

图 4　日本科技评估的组织体系

在不同类型的科技评估活动中起着重要作用，同时丰富和完善了各国的科技评估机构。

三、科技评估的主体

各国的科技评估活动都离不开科技评估主体的广泛参与，根据科技评估活动类别的不同会选择不同的评估主体，如政府组织主要实施的科技评估活动是科技政策、科技规划、科技奖励和人才计划等，学术团体主要实施的评估活动包括论文专著、职称评审、科研项目、院士评选等。国外科技评估主体与中国科技评估主体类别基本是相同的，包括政府、学术团体、企业组织、中介机构、媒体和社会公众，除此之外，独立专家、非营利组织和国际组织这几个特殊评估主体在国外也特别受到关注，具体如表 2 所示。

表 2　中外科技评估主体

科技评估主体	主要作用及影响	主要评估类型
政府	政府开展的科技评估活动占绝对主导作用，受政府行政文化影响	政府管理的主要活动、政府科技管理部门、资助机构和科研机构的效率
学术团体	由科学专业的实际工作者组成，具有很强的专业性	科技政策相关的评估、职业资格的认证或评定、科技奖励、论文和项目评审
企业组织	参与公共研发活动，影响公共决策，通过行业协会影响公共科技决策	企业内部创新，研发能力，科技成果转化，企业人才
中介机构	参与政府政策制定论证，参与其他评估主体的活动	独立针对各类科技活动、人才的评估，政策评估，工程评估，科研成果评估，上市公司评估
媒体	公开评估结果，引导社会关注，做好舆论监督	专业性不强，影响较大的评估活动：新技术对国计民生、环保及生态的影响，人才奖励政策等
社会公众	提供大量资金，公开发表看法，公众需求内化在机构的自我要求中	社会贤达评估，公众利益代表主体评估各种科技创新要素，参与民意调查

续表

科技评估主体	主要作用及影响	主要评估类型
独立专家	完善社会信用制度下，独立专家的意见受到社会各界的格外重视	专家个人发表对政府、企业或其他各种主体的科技活动目标、结果和社会影响的评估
非营利组织	社会影响大，构成科技评估重要的一方	各种科技活动进行单独评估
国际组织	评估更超脱，与受援国的政府官方评估意见往往不一致	对发展中国家的农业、能源和环保技术的援助评估等

具体说来，国外的科技评估主体主要具有以下特征。

（一）高度重视中介机构

中介机构作为科技活动的评估主体，可以利用其专业性和独立性发挥重要作用。社会评估机构可以利用专业的数据库进行文献的分析或计量方面的资料分析，其评估方法的科学性、评估操作的规范性、评估标准的价值中立性，以及主客体之间的中介性比较突出。英国的科技中介机构已经形成了一个完整的科技中介服务体系，这些中介机构包括启动公司、衍生公司、合资公司和市场化运作的公有机构。

（二）充分发挥媒体和社会公众的作用

国外的独立媒体可以进行专业性不是很强但影响力很大的科技评估活动，如新技术的应用对环境的影响评估等。美国很注意发挥社会公众的作用，如美国国立卫生研究院规定在与民生有关的医疗健康项目立项的委员会中必须要有三个民众代表。

（三）对独立专家、非营利组织和国际组织的重视

在国外完善的社会信用下，独立专家的意见往往受到社会各界的关注。非营利组织往往自诩是社会公众的代表，如绿色和平组织等。国际组织内设专门委员会等组织开展独立的评估活动，如世界银行、OECD 等。

四、科技评估的对象

随着各国对科技评估的日益重视，越来越多的与科技活动有关的领域引入了评估，被评估对象呈现出多样化的发展趋势，并且由对绩效的评估（包括过去的绩效和未来的绩效）拓展到对研究机构未来可持续研究能力的评估。科技评估作为科技管理的重要工具，根据科技评估对象的不同类型，主要划分为以下七大类。

- 科技计划评估—评估对象为项目群，含发散型和收敛型项目群，包括综合计划和专项计划；
- 科技项目评估—评估对象为单个项目，含不同层次、不同类型的项目；
- 科技机构评估—评估对象为各类机构，含机构诊断、绩效、状态评估；
- 科技人才评估—评估对象主要为科技人才，包括人才选择、人员考核及人才结构分析；
- 科技政策评估—评估对象主要为科技政策，包括单项政策及政策组合；
- 科技资源评估—评估对象包括科技活动中涉及的各类资源资质，包括人力、财力、物力、信息、组织等；
- 科技能力评估—评估活动主要针对创新机构及科技人才的能力水平进行评估，包括创造能力、转化能力、可持续发展能力等。

目前来讲，发达国家的评估对象比较广泛，包括科技计划、科技项目、科技政策、科技机构和科技人员等，涉及科技活动的各个方面。各国遵循科技评估的科学性和客观性，针对不同对象，设置了不同层次、不同类型的科技评估体系与评估标准，如表 3 以英美等发达国家的评估事件为例，对国外科技评估的对象划分进行简要展示[6]。

表 3　按照评估对象划分的国外评估类型案例

评估类型	国外案例
科技政策评估	Technopolis 对爱沙尼亚创新政策的评估
科技计划评估	英国对阿尔维计划的评估
科技项目评估	美国科学基金会的项目评估，日本 JSPS 的项目评估
科研机构绩效评估	美国能源部对 GOCO 管理模式的联邦实验室的绩效评估
高校科研绩效评估	英国的 RAE 评估
科研人员绩效评估	法国国家委员会的学科专业委员会对国家科研中心研究人员的研究绩效评估
资助机构绩效评估	美国 NSB、OMB 和国会对 NSF 进行的整体绩效评估
未来可持续研究能力的评估	原英国创新、大学和技能部（DIUS）对公共研究机构未来可持续能力的评估

由表 3 可以看出，科技评估对象包括从对宏观层面的科技政策、科技计划的评估，到对微观层面的科技项目的评估；从对大学、科研机构的整体绩效评估，到对科研人员的个人绩效评估。一个值得注意的新趋势是：英国开始关注公共研究机构的未来可持续研究能力，并由原创新、大学和技能部（DIUS）于 2005 年、2006 年和 2008 年分别对公共研究机构的未来可持续研究能力进行了 3 次监测调查。对公共研究机构的未来可持续研究能力进行评估是科技评估领域的一个新课题，目前，我国对该类评估还缺少研究。

6 杨洪涛, 左舒文. 国外科技评估发展新趋势及对上海的启示[J]. 科技管理研究, 2014, 22: 14-17

其中，美国作为开展科技评估活动历史最悠久的国家，其科技评估体系囊括的内容非常广泛，几乎涵盖了以上提到的各个领域，既包含了对科技项目、体制、机构、政策、人员及成果的评估，又涉及科学技术对政治、经济、社会及环境协调发展的影响的评估等。具体来讲，美国科技评估体系中评估对象主要涉及科技政策评估、科技机构评估、科技计划评估、科技项目评估及科技奖励评估。此外，职业资格认证作为专业学会和综合性科技协会科技评估的一项重要内容，在美国的科技创新环节也起到了重要的作用。

英国的科技评估体系发展也相对较为完善。在层次上，既有面向各大学和研究机构的评估体系，又有由大学、研究机构开展的面向其下属机构的科研评估体系。在类型上，针对自然科学、工程科学及人文社会科学的评估体系各异，既有与科研经费拨款密切联系的诊断性评估，又有与经费拨款无关的发展性评估。

德国针对不同的研究项目采用不同的评估标准，基础研究项目注重学术界评议，应用研究与开发研究项目的评估遵循市场价值规律，主要以专利形式与市场经济接轨。评估体系的完善和评估标准的细化，可提高科技评估的针对性，有利于科技创新体系的建立和发展，使科技评估的导向作用得以真正发挥。

五、科技评估的经费保障

国外科技成果评估费用一般分为两类：一类是政府性的科技评估机构，其评估经费由国家拨给；另一类是服务型中介机构开展的科技评估活动，其收费按项目大小和服务内容分不同档次，法国、德国、瑞典和俄罗斯的科技成果评估费用则差异性较大，详细如下。

法国国家评估委员会的开办经费由国家拨给，国家评估委员会所做的评估工作费用也完全由国家拨给，其他评估机构和事务所开办经费自筹。评估经费不论国家和基层都采用一种方式计算，即按工作量大小，以人工费计算标准，而不是以被评估项目的价值按比例提成。

德国政府和研究机构的科技评估工作是不计较评估的报酬，评委把评估当作一项光荣而神圣的使命来完成，而咨询服务类中介机构开展科研成果的技术评估工作是另一回事，其收费情况按行业标准，视项目大小和服务内容的不同划分为不同的档次，收取 5%～25%的费用。

瑞典评估的费用包括在项目预算之中。专家小组方式的评估费约为 25 万瑞典克朗（3.3 万美元），其他各类的评估费则不等，一般为项目预算经费的 1%～2%，大项目则费用低些，在 30 万～70 万瑞典克朗（4 万～9.3 万美元）。

俄罗斯的科技成果鉴定费用因鉴定的级别或层次而异，来源不同。国家级的鉴定资金来源有三个方面：国家预算、基金会和鉴定申请方。社团级科技成果鉴定的资金可由鉴定申请方提供，也可由企事业、机关和自然人捐助。专项科技成果鉴定一般由鉴定申请方提供资金。

六、科技评估的方法

科技评估方法的形成是一个不断发展和完善的过程。在科技评估的方式或种类上，各国之间有类似的地方，也有不同的地方。基本上是根据各国的具体情况，保留各自的特色。目前常用的科技评估方法，如同行评议法、文献计量法、经济计量法等，各有优缺点，都只能适用于特定的环境、特定的评估对象和特定的评估目标，而科技评估对象的日益多样化对评估方法的适用性提出了更高的要求。为了保证评估方法的适用性，各国政府所采用的评估方法仍在不断的研究和探索之中，具体来讲体现出以下几个特色。

（一）对同行评议制度的改进

同行评议是所有国家在科技评估中应用最多的方法，实际上是某特定领域或邻近领域专家的评议。同行评议一般用于资助项目的选择、项目进行中的检查和研究结果的评估。进行同行评议的前提是在科学工作的某一方面体现专家决策能力，而参与决策的专家必须对该领域的发展状况、研究活动程序及研究人员有足够的了解。同行评议相对来说是较为可信的评估方法，但也存在以下不足：项目的命运可能更多地受到选择谁来评估和评估人如何抉择的影响；同行评议同其他评议一样受到个人利益的影响；同行评议受老同学、老同事等关系网络的影响，碍于情面，使评议的公正性受到影响。由于同行评议存在以上不足，一些国家已尝试对此进行改革。例如，瑞士由自评转变为外评，即由项目实施单位自己组织的内部评议转变为由专家委员会进行的外部评议；荷兰由内部非正式评议转变为以外部独立机构和专家进行的评议；日本实施了开放性的评估方式，即在评议的方式方法诸方面引入外部机制；芬兰在改革中也由科研团体内部自评转变为外部评议。

（二）全过程评估方法的应用

国外科技评估贯穿整个科研计划或实施过程中，包括事前、事中和事后全过程评估（表4）。纵观各国科技评估现状，事前评估作为科技研究的基础性工作，是科学进行管理决策的重要保障，受到各国普遍重视。各国在进行项目评估的时间段方面，由于要求不同，侧重点也有所不同。美国、德国、法国、日本等都进行事前、事中和事后的连续评估；加拿大侧重对项目的事后评估和计划项目的事中评估；瑞典比较重视计划的事中评估。

表 4　科技评估各阶段的作用

评估阶段	主要作用
事前评估	为决策提供参考意见
事中评估	检查项目进展状况，为管理者改善管理服务
事后评估	总结项目实施经验教训，为今后的立项选择服务

美国科学界普遍认为，科学研究有其内在规律，允许科研失败，但应在前期减小项目失败发生的概率，在具体科研项目层次上的评估关键是事前评估，即评估提交的研究方案是否合理。若不恰当地对科研成果进行评估，有可能产生误导，对整个科研体系带来不可挽回的影响。进行事前评估，科学地制定科技战略、计划和政策，需要依靠可靠、完善的科技指标来反映各领域的科技实力状况及变化。因此，1990 年，法国特地创建科学与技术瞭望台，用于制定科学与技术指标，从事研发新指标的方法论研究，以合同方式为其成员机构或外部机构进行专项研究，其研究成果在世界范围内被广泛应用。通过事前评估项目的可行性，将项目失败的概率降到最小，能最大限度地提高科技决策的正确性和合理性，避免科研资源的浪费，这也是国外科技评估在科研管理中起决策作用的重要体现。

（三）注重评估理论方法的研究和创新

从发达国家科技评估使用的方法可知，科技评估的方法是在逐步发展和完善的。各国十分重视科技评估理论和方法的研究。目前，各国评估机构的科技评估模式主要有如下几种。

1）以数学模型为基础，强调严格的定量指标和计算方法，该模式适用于投入产出的评估。

2）以定性、定量相结合的分析方法为主要手段，该模式适用于评估计划目标实现的程度，评估对象的优劣分析等。

3）以评估各方利益相关者对话为主要方式的参与式评估，适用于复杂对象和各种不同利益群体的评估。

各国在评估实践中仍在不断地探索适合评估对象、评估目标的新模式。对一些大的评估项目，他们往往会针对评估问题的特点设计一套评估方法，如美国对日本和德国超导材料电力应用项目的评估、法国对海外技术研究所的评估、日本对尖端技术探索研究计划的评估、英国的阿尔维计划评估等。

第三章 科技评估对象的特征

杨 露 陈 桦 黄雁萍

（中国科学院上海生命科学信息中心）

根据2000年我国科技部发布的《科技评估管理暂行办法》，涉及科技评估工作的对象和范围有科技政策的研究、制定和效果；科技计划的执行情况与运营绩效；科技项目的前期立项、中期实施、后期效果；科技机构的综合实力和运营绩效；科技成果的技术水平、经济效益；区域或产业科技的进步与运营绩效；企业和其他社会组织的科技投资行为及运营绩效；科技人才资源；其他与科技工作有关的活动。因此，本章将科技创新主体分为科技政策、科技项目、科技人才、国家创新体系、区域创新、企业运营。

对于科技政策的评估，由于科技政策涉及科技与经济、科技与政治等国家发展的短期与长期利益，具有更大的复杂性与不确定性，因此对其评估的方法也具有多元和综合的特征。对于科技政策的行政价值评估，一般是通过文本分析法（内容分析）和问卷调查法来进行；对于科技政策的社会价值评估，一般是采用对不同利益主体的社会调查法和座谈法来进行；对于科技政策的经济价值评估，通常需要定量方法来完成。

对于科技项目的评估，在项目的不同阶段评估的方式有所不同。立项评估主要是针对立项意义、技术方案、项目实施条件等相关因素进行可行性论证。对项目事中评估，则是从项目的执行状态中找出存在的主要问题，分析项目继续实施的条件和可能，与原定目标的偏差，并提出进一步的改进意见，找出解决办法。项目事后评估的目的主要是针对已完成项目的质量、成果产出、是否达成预期目标、可能产生的社会影响进行测评。

对于科技人才的评估，主要通过对定量的评估指标如学术论著、学术报告、科研经费和学术活动参与次数等进行考核，也可结合专家评估法对科技人才进行定性的评估。

对于国家创新体系的评估，世界知识产权组织发布有“全球创新指数”报告，其提出了7个一级指标、21个二级指标、81个三级指标，此外还有英国智库DEMOS创新指标、英国《经济学人》杂志的全球创新指标。综合分析表明，对于创新的评估可以精简至投入、产出两个方面。目前最为可靠的手段还是第三代采用的方法，如采用创新调查、指数及创新生产力对标等方法进行创新评估。

对于区域创新，日本森纪念财团都市战略研究所自2008年开始每年发布“全球城市实力指数”（global power city index，GPCI），科尔尼（A. T. Kearney）管理咨询公司自2008年每两年发布一次“全球化城市指数”（global cities index, GCI），澳大利亚智库“2thinknow”自2010年开始每年发布“全球城市创新指数（innovation cities^{TM} indix, ICI）”。

而对于企业运营，欧盟于2001年开始推动欧盟创新记分牌（European innovation scoreboard，EIS）的行动，其中包括针对企业的调查，以2005年为例，欧盟调查的主要指标体系由12个方面112个指标构成，指标之间具有内在的互相联系和互相独立性。此外，针对企业的创新评估还有美国密歇根州的创新指标体系、加拿大的企业创新指数等。

一、科技政策

（一）概述

科技政策是国家产业政策的重要组成部分，是指导一国科技开发、应用和发展的纲领性文件，也是衡量政府对科技投入的决策依据。政策评估既是对政策的效果、效益、效率和政策执行过程进行科学测量的过程，也是对政策的价值、目标、因政策执行而导致的利益分配变化等问题作出评估的过程，对科技政策进行合理、科学的评估，以及对科技政策的顺利规划、实施具有重要的作用。

美国国家科学基金（NSF）设立科学创新政策项目为科技政策学研究提供方法基础和平台方面的资助，包括探索如何更加充分有效地分析科技机构的管理数据，如何发展数据挖掘和展示工具等，迄今已资助了一百多个研究项目，金额接近1亿美元。日本评估科技创新政策措施的基本依据，是其对各类行政措施都适用的《行政机关政策实施评估法》。与其相协调，由日本“综合科学技术会议”根据研究开发活动及其监控评估的特点，制定了《国家研究开发评估指南》（内阁总理大臣决定），该指南对国家各部门实施的科技创新政策进行评估，对国家经费支持的研究开发项目、课题进行评估，对研究者和研究机构的业绩等进行评估。2010年起，欧盟开始与美国联合举行欧美科技政策学讨论会，同时欧洲研究理事会开始推进欧洲范围的科技政策方法、工具、数据方面的基础性研究工作。

（二）评估目的

科技政策评估是依据一定的标准和程序，对国家、产业、企业等的效益、效率及价值进行判断的一种政治行为，目的在于取得信息，以作为政策变化、改进和制定新政策的依据。我国目前还没有建立严格的政策评估制度，在政策制定时、实施中、结束后，缺乏科学的决策机制和管理方法。建立政策评估制度，无疑可以提高决策的科学性，是提高国家治理能力的有力措施。

（三）评估方式

科技政策由于涉及科技与经济、科技与政治等国家发展的短期与长期利益，具有更大的复杂性与不确定性，因此对其评估的方法也具有多元和综合的特征[7]。

对于科技政策的行政价值评估，一般是通过文本分析法（内容分析）和问卷调查法来进行。由于科技政策价值的反馈信息大量是文本信息，因此科技政策评估离不开各地政策文本的分析，以及自评估报告的解读。这些自评估报告一般是设计好的问答题，可以反馈评估者需要的评估信息与评估数据，通过对这些问卷的文本分析，可以发现各地在政策执行效率上的差异性。这些文本信息是科技政策行政价值的主要表现方式，并且文本信息中既包含定性信息，也包含定量信息，信息反馈数据大，所以文本分析法成为科技政策评估中最常用的方法之一。

对于科技政策的社会价值评估，一般是采用对不同利益主体的社会调查法和座谈法来进行。科技政策社会价值的评估离不开政策受益者的反馈，通过社会学意义上的访谈和问卷调查（包括田野调查）方式，可发现政策的实施效果对各方面的影响，可通过不同利益主体的回应性反应得到第一手的评估数据，因此基于政策受益者参与的实地调查法与问卷调查法是收集定性分析数据的主要渠道。问卷设计中应涉及多种评估数据，包括定性数据和定量数据。

对于科技政策的经济价值评估，一般需要经济数据，因此需要定量方法，主要弥补定性研究中所缺少的经济数据、统计数据、科技统计指标等定量数据。在一般的定量数据分析方法中，政策指标法、经济计量法、对比分析法、回归分析法这四种方法是最常用的定量评估方法，其中，对比分析法为最基本的政策评估法。在政策实施前后对某项影响的效果进行对比，以发现政策影响的前后相关性，这种“相关性”呈现出正相关，说明政策的效果较好。而“非相关性”或“负相关性”则说明政策效果较差。

二、科 技 项 目

（一）概述

科技项目评估是科技管理的重要手段，直接关系着国家科技计划的实施。科技项目评估的必要前提是对项目实施正确的分类、明确评估目的、对评估主体实施准确定位和规范评估程序四项，而最重要的是克服腐败，使科技项目评估成为

---

7 张晓丰，赵峰. 科技政策评估的方法论体系及相关性研究[J]. 北京化工大学学报(社会科学版)，2012, (2): 1-6

公正的管理办法。科技项目在科技资源配置中占较大的份额，项目的立项、研究过程及最终成果直接影响和推动着科学技术及社会的发展。因此，对科技项目的评估就显得十分重要，并越来越受到政府和公众的关注。

结合科技评估的发展和近年来各种研究成果，科技项目评估的界定具有以下特点：第一，科技项目评估从第三方的角度操作，是由委托方委托科技评估机构完成。对科技评估机构的遴选按照择优原则进行，只有站在第三方的客观立场上，不为各方利益所左右才有可能使评估人员充分利用专业知识进行评估工作。第二，据有专业化的操作规范。科技项目评估既然是一项系统工程，那么其运作也必须遵循一定的规范。尤其对于不同类型和方面的评估更是需要不同的操作规范来指导实施。随着科技评估在我国的发展，对于不同类型的科技评估活动，科技部已经制定了相应规范。第三，科技项目评估是专业性的评估。专业化包含两方面内容，首先，组织本身是专门从事科技评估工作的；其次，组织内的成员是具有专业知识的人。组织人员的配备必须考虑到具体项目所涉及的方方面面，专家的选择不仅要考虑其是否具备专业知识，而且要考虑其自身素质水平。第四，评估结果要根据评估对象和目的的不同综合考虑，评估的最终目的是形成结论，为委托方提供决策的咨询和参考[8]。

（二）评估范围

对科技项目进行评估，必须首先实施项目分类。对项目进行分类方法有多种，可从项目的性质、研究目的及项目目的等级进行划分。联合国教科文组织及经济合作与发展组织（OECD）以科技活动的性质特征为依据，将项目分为基础研究、应用研究、试验开发三种类型，这一分类被各国广泛认同。科技部在《科学技术评估办法》中将我国科技项目界定为战略性基本研究项目、自由探索性基础研究项目、应用研究项目、科学技术产业化项目、社会公益性研究项目和科学技术条件建议与支撑服务项目 6 大类。这是对国际上科技活动划分的应用和发展，为今后我国科技项目评估的正确开展打下了基础。不同类型的科技活动往往存在着各自不同的科技优势，以研究性质对项目进行分类评估的特点就在于引导科技活动主体的发展方向。评估具有多目的性，而评估中的分类应是以评估目的为主要依据的。在科技项目评估中，除了以研究性质分类外，还存在不同的分类：一是对项目不同阶段的分类评估，即事前评估（立项评估）、事中评估、事后评估（绩效评估）及跟踪评估；二是以价值导向为依据的项目分类评估。

1. 对项目不同阶段进行分类评估

任何项目的执行从时间序列上划分都存在从立项到执行再到项目结束三个时

8 秦哲，戴丹. 科技项目评估的整体概念[J]. 科技创业月刊, 2008, 21(11): 100-101

间段，有些重大科技项目还会进行跟踪评估。针对项目的不同阶段应采取不同的评估目的和检验标准。例如，对应用研究项目的评估，立项评估的重点是考查研究目标技术的创新性与实用性、研究方案的可行性、技术实力与研究基础、预期应用前景等；事中评估主要着重项目的进展，并建议后续工作的进行；事后评估是对应用研究的绩效评估，评估标准主要考虑知识产权、专利及技术应用等方面及潜在的社会和经济效益；跟踪评估一般是指项目完成一段时间后的评估，重点在技术的创新与集成水平、关键技术的突破与掌握、自主知识产权的产出、技术标准研制、经济和社会效益等方面。

2. 从项目反映的不同价值导向进行分类评估

这种方法是从不同的科技活动产生的不同的价值入手进行分类。基础研究是探索自然奥秘和运动法则、揭示自然发展规律的科学，它体现的价值主要表现在科学价值方面，而对科学价值的评估主要以新发现、新概念、新理论和新方法等原始创新性成果为评估标准。应用研究主要解决人类社会与经济生活中的科学问题，其价值导向主要体现在科学价值和社会价值两个方面。对高技术研究与发展这类应用研究的评估，价值导向也应兼顾科学价值与社会价值。而技术开发则是解决科技、经济、社会发展中的技术问题，它的价值主要体现在技术价值和经济价值两方面。对开发项目的评估目标是提高技术的成果转化，加速产业化的形成。学术界对基础研究、应用研究和技术开发达成的共识，应该成为评估界实施以价值导向的分类评估的依据。

（三）评估目的

不同类型的项目及项目实施的不同阶段，都会存在不同的评估目的。对项目评估的总体目的应该是客观公正地反映实际情况，实施、推进或总结整个项目。

对基础研究中的自由探索项目，评估目的应是以科学发展方向为导向，注重原始性创新和科研人员的创新潜力，鼓励探索，宽容失败。对战略性基础研究项目的评估，目的应以解决经济、社会、国家安全及科学自身发展的重大基础科学问题为导向，突出国家目标与科学发展目标的结合，以科学前沿的原始性创新和集成性创新、对国家重大需求的潜在贡献及优秀人才培养。对应用研究项目的评估目的应紧密结合经济建设和社会发展的需求，以技术推动和市场牵引为导向，以技术理论、关键技术、共性技术和核心高技术的创新与集成水平、自主知识产权、潜在的经济效益、社会效益为主要评估标准。

立项评估的重点要从项目的创新性、研究价值、目标设定、研究方案入手，不能过分强调项目的预期成果；由于纯基础研究的不确定性很可能导致研究工作与原定目标的偏离，其产生的科学价值也很难预测，因此应把立项评估作为评估工作的重点，可以不组织专门的事中评估和结题验收，而是提交项目年度进展报告和结题报告。事中评估和绩效评估应按照项目合同或任务书的要求，针对目标和任务的实施与完成情况作出评估。跟踪评估的目的主要是对项目的创新性、科学价值及其经济和社会效益作出综合评估。

（四）评估方式

从不同阶段的项目评估方式来看：立项评估主要是针对立项意义、技术方案、项目实施条件等相关因素进行可行性论证；项目事中评估则是从项目的执行状态中找出存在的主要问题，分析项目继续实施的条件和可能、与原定目标的偏差，并提出进一步的改进意见，找出解决办法；项目事后评估的目的主要是针对已完成项目的质量、成果产出、是否达成预期目标、可能产生的社会影响进行测评。

指标评估法、同行评议法、经济分析法和过程评估法是各国及地区组织普遍采用的评估方法，如美国、日本、英国、欧盟、澳大利亚及韩国等。各国在应用这些方法时各具有特色，例如，在澳大利亚各科研机构中，每年都根据其科技计划周期，定期组织专门评估委员会对进行中的科技计划进行评估。评估是根据计划在立项时所确定的研究目的、目标、实际研究结果及对社会的实际影响等诸方面开展评估。在英国的基础研究主要在大学和政府部门支持的研究所里进行，英国政府在评估重大科技项目阿尔维计划的评估时，大多采取聘请独立的专业评估单位进行评估的方法，主要涵盖了项目的立项、中期和结题及成果的推广各个方面[9]。

三、科 技 人 才

（一）概述

科技创新，关键在于科研体制的创新和科技人才的培养。科技人才绩效评估就是对科技人才所从事的科研活动和所取得的科研成绩进行定性与定量有机结合的综合评估。科技人才绩效评估体系完善与否，直接影响到科学制度化和职业化的进程及完善程度，科技活动水平、质量及活动的规模，从而影响到一个国家的经济发展水平和科技发展水平。科技人才绩效评估体系是科技管理体制的重要组成部分，是保证科技工作顺利进行的基本运行机制。一个合理的科技人才绩效评估体系，有利于创造宽松的创新环境，激励科技人才勇于从事原创性研究，激发广大科技人才的科研热情和科研创造力，促进科技成果的数量

9 曲立，吕晓岚. 国内外科技项目评价方法比较[J]. 企业经济, 2005, (9): 36-38

和质量的提高[10]。

（二）评估目的

对科技人才进行有效的绩效评估是发现、选拔、培养、使用科技人才的基础和依据，也是科技人才激励机制的重要组成部分。

（三）评估方式

美国的科研管理一直秉承学术自由的原则，故其科技人才的评估制度也并不统一。但各个科研院所内部有着科学的、系统的科技人员考核体系。各个考核机制目标明确，具有系统性和竞争性，保证了机制的活力，从深层次激发科技人才的积极性与创造性。重视工作成绩和实践能力，简称“功绩制”。在科技人才评估方面侧重于定量考核，一般采取岗位评估法。评估指标有学术论著、学术报告、科研经费和其他学术活动等。考核指标在设定指导思想时，与科研院所的定位和发展战略保持高度一致，其配套待遇与评估直接关联，对科技人才更是一种激励，从深层次激发活力。

英国的科研学术水平在世界属领先水平，早在 1986 年英国就开始推行“科研评估机制”（RAE），在极大程度上促进了英国科研水平的进步，并且在此基础上进行了全面改革，2014 年形成“研究卓越框架”（REF）评估体系。REF 的评估方向主要有科研成果、科研影响力和科研环境三个方面，分别占比 60%、25%和15%。成果形式也不全是以学术论文为准。科技人才有更多的时间和精力用来从事科学研究，更不是竞争科研项目经费。重点指标是研究成果的社会效益和综合影响力，从而促进了高校和工商业界的交流合作，体现出高的社会回报。评估时间跨度大，一般为 6 年，从而保证科技人才能够有充足的时间创造更高质量的成果。REF 设定每位参与评估的科技人才至多提供 4 篇代表作，这种限定在很大程度上引导科技人才保证成果的质量而不是数量。英国在科技人才的评估中采用同行评议的定性评估方式，评审专家组由各个学科的高水平专家组成。对学术论文并不考虑影响因子和引文数。通过加权评分来定级，评审专家组将级别分为“国际优秀”、“国际认可”、“国内认可”等。英国科技人才评估体系的另一特点是，认可并鼓励重点领域间的跨学科研究的协同创新，进一步促进科技人才创新思维的延伸。

法国在科技人才评估方面较欧洲一些国家来说起步较晚。2004 年的科技抗议浪潮暴露出法国科研体制中的种种问题后，制定了新的科研规划法及研究型教师条例，逐渐形成比较完整的评估体系。采取宏观指标和微观指标相结合的办法，

10 刘振华，于晓方，武春友，等. 科技人才绩效评估方法研究[J]. 科研管理, 2007, 28(z1): 90-94

针对不同的科技人才设置评估参数。每个学科专业委员会在成立初期就明确制定其评估标准，有些指标如核心杂志和出版物、国际会议报告，经常作为评估科技人才的知名度和重要性的指标。法国的人才绩效评估工作高度透明，一旦制定了评估标准就要公开。学科委员会的评估意见要详细报告，如有质疑，需加以说明使受评者理解和接受。通过同行评议的办法，分析科研人员的工作描述和文章目录等材料，得出评定结果。

日本人才的培养管理是科技创新的关键。在科技人才评估方面出台并制定了一系列的政策法规，评估主要采用分层考核法。在科研机构中进行分层考核、如直接领导考核、中层主管考核、高层考核，最后再进行总结分析确定结果。以计分评估制 100 分为基准，评估原则客观而细致。考核指标多样化并侧重考核敬业精神，包括成绩、潜能、态度方面的考核。鼓励青年科学人才自立，施展才华。各高校公布比例，公正透明接受多样化人才。根据不同的职位，考核的种类和方法也各有不同。完善的数据跟踪反馈。为确保各种目标和政策措施取得实效，日本要求设立“进度表”，明确实现目标。同时，要求对政策措施进行反馈和追踪。经过这一推进过程，可提高社会对科技人才的关注度，形成良好机制以便实施更好的政策[11]。

四、国家创新体系

（一）概述

创新已成为一个国家保持持续竞争优势和经济增长动力的决定性力量，各国政府都把创新作为获取国际竞争优势的重要战略。创新绩效是创新活动所产生的成果和影响的集中表现。国家创新体系是一个多主体、多要素、多层次创新网络协同演化的体系。

国家创新理论最早可以追溯到德国经济学家 Georg Friedrich List，他从国家的角度而不是从个人的角度对经济发展问题进行分析，把“生产力”界定为由一系列科学技术、国民素质、社会政治状况及现有物质条件等因素构成的综合体，强调不同国家的历史条件、文化传统、地理环境、自然资源及国际背景等对于一国经济发展战略选择的决定性影响。奥地利经济学家 Joseph Alois Schumpeter 在《经济发展理论》中首先提出了创新的基本概念和思想，形成了最初的创新理论，又出版了《经济周期》、《资本主义、社会主义和民主主义》等专著，对创新理论加以补充完善，逐渐形成了以创新理论为基础的创新经济学理论体系。

衡量国家创新体系的“创新能力”是一项艰巨的挑战。由于国家创新体系是

11 刘小婧，李文梅. 西方国家的科技人才评价[J]. 经营管理者，2016

企业与大学、研究机构间相当复杂的互动关系所产生的，其中包含了如何应用各种不同的知识投入，以及如何投入转换成高附加值产出的过程。而这个转换过程可能由于合作研究、人员交换流动、交互授权、共同发表、附着式的技术引进等各种不同机制，一国的创新绩效主要决定于创新体系中的主体如何有效地应用知识并快速转换成商品，因此深入分析各国知识流动的方向（如技术合作、技术扩散、人员移动等）是了解各国创新体系的关键所在。

近年来，创新经济学得到了深入研究并逐渐得到了实践，美国、欧盟、日本、韩国、印度、巴西等一些发达国家和新兴经济体纷纷制定了创新发展战略，通过加大科技创新的力度，促进经济发展转型，推动国家经济社会的持续发展。同时，一些政府或政府间组织及学术机构开展了一些国家层面的创新评估，如国际管理学院的《世界竞争力年鉴》，世界经济论坛的《全球竞争力报告》，欧盟的《欧洲创新记分牌》、《全球创新记分牌》和《创新型欧盟》，OECD 的《科学、技术与产业记分牌》等。此外，在国内也出现了一系列的国家创新体系评估报告，如中国科学技术发展战略研究院自 2010 年开始每年发布《国家创新指数报告》、中国科协的《国家创新能力评估报告》、清华大学的《中国创新发展报告》和中国科学传播研究所自 2009 年开始每年发布《创新型国家建设报告》等。

（二）评估范围

通过研究分析，这些评估可以概括为国家竞争力、创新促进发展、创新能力评估三类，他们分别具有不同的特点。

根据评估的内容不同，国内外涉及创新型国家的评估主要有三类：第一类是关于国家综合竞争力的评估，其中科技创新作为国家竞争力的重要方面，主要有瑞士洛桑国际管理学院的《世界竞争力年鉴》和世界经济论坛的《全球竞争力报告》；第二类是关于国家创新能力的评估，创新能力是创新型国家建设的重要方面，如欧盟的《全球创新排行》、中国科学技术战略研究院的《国家创新指数报告》、中国科协的《国家创新能力发展报告》等；第三类是关于科技创新促进国家产业、经济、社会发展的评估，为创新型国家建设进程监测提供了重要的参考，如欧盟的《创新型欧盟》、OECD 的《科学、技术与产业记分牌》、中国科学院（以下简称中科院）的《中国创新发展报告》、中国科学传播研究所的《创新型国家建设报告》等。

三类评估所包含的范围不同，国家竞争力评估包括对国家制度、政府效率、投资、贸易、创新等内容的评估，比科技创新促进国家发展和创新能力评估具有更加广泛的内容；创新促进发展评估主要关注创新促进国家经济社会发展的重要方面，对于科技创新对经济社会发展的作用和影响的评估更详细全面；国家创新能力评估主要是对国家科技创新资源、重要科技活动、科技产出及与科技直接相关的经济活动的评估，将科技能力评估作为重点。

（三）评估目的

根据各评估主体的不同可分为两种，一种是学术性评估，另一种是工作指导性评估，在开展评估时分别具有不同的目的。

学术性评估由学术机构主导开展，以不同的学术理论为基础，目的是验证和推广学术理论，评估指标与方法具有普遍适用性。例如，IMD 以现代经济学、管理学和社会发展理论的基础上，经过 20 多年的发展形成了具有自身特点的国际竞争力理论，形成了国际竞争力评估指标体系，在国际上具有较强的影响力。WEF《全球竞争力报告》以波特的国家竞争优势理论为基础，根据相关理论针对国家的 3 个发展阶段制定了评估指标：第一是依赖于自然要素的阶段，第二是依赖于资本的阶段，第三是依赖于创新驱动的阶段。

工作指导性评估，由政府间组织或政府部门委托开展，是相关战略、政策实施的辅助工具，目的是促进工作落实。在典型评估中，欧盟、OECD 开展的创新评估与其设定的战略目标息息相关，通过对相关指标的监测评估来跟踪、督促发展战略的落实和目标的实现。例如，欧盟为了促进欧盟及其成员国的可持续的、高质量的、包容性经济增长，制定了《欧洲 2020 战略》，以《创新型欧盟》作为其旗舰计划，并开展了《全球创新排行》、《欧盟创新记分牌》和《创新型联盟记分牌》系列评估工作，对研发投入、就业和创新促进经济增长进行了监测评估[12]。

（四）评估方式

学术性评估和工作指导性评估在评估方式上存在较大的差异。学术机构的评估指标往往采用了较多的综合指标，来对应表示某一方面的学术含义，如欧洲工商管理学院的《全球创新指数报告》84 个评估指标中，19 个是来自国际机构的综合（复合）性指标。在指标数据的来源上，较多的指标数据通过学术机构自行组织调查获得，如 IMD 的《世界竞争力年鉴》指标数据有 1/3 来自合作学术机构在各国开展的调查。

政府间组织更多采用单项指标，这些指标与发展战略的政策目标息息相关，通过指标的监测评估发挥政策工具的作用。例如，欧盟的《创新型联盟记分牌》中，针对在国际金融危机发生后出现的大量失业、企业 R&D 投入不足等问题，设置了促进就业、提升企业创新水平的目标，并设置了商业部门 R&D 支出占 GDP 的百分比、知识密集型产业就业占总就业的比例等指标。OECD 在《科学技术和

---

12 陈华雄，陶鹏，张小秋，等. 典型的国家创新评价对我国创新型国家建设监测评估的启示[J]. 科技管理研究, 2015, 35(22): 61-64

工业记分牌2013》中审视了多国在科学领域的努力和为构建自身相对优势所采用技术的方向，给出了生物技术和纳米技术，以及健康、环境、信息和通信技术领域里的研发和创新指标。战略指导性评估的指标均来自政府的统计数据或权威机构发布的数据，如OECD的《科学技术和工业记分牌》，欧盟的创新型国家评估的指标数据，均来自Eurostat（欧洲统计局）、European Patent Office（欧洲专利局）、OECD（经济合作与发展组织）、ILO（国际劳工组织）、IMF（国际货币基金）、ITU（国际电信联盟）和Thomson Reuters（汤森路透）等权威组织。

五、区域创新

（一）概述

从20世纪90年代开始，许多国家从各个方面研究知识经济带来的机遇和挑战。近年来，一些国家除了关注总体的科技评估之外，纷纷在本国科技统计指标的基础上提出了区域科技指标体系，逐渐开始进行区域科技能力大小的评估、科技发展地区不平衡的比较等。一些国际性的组织、机构将科技的比较作为对一些国家和地区进行比较的一个重要指标。

在美国，除了最早的硅谷创新指数外，密西西比州、夏威夷州、密歇根州等都发布了表现该州创新能力的创新指标，南部的一些州联合发表了南部州创新指数。在欧洲，英国发布了城市知识竞争力指数、国家创新能力指数、全球综合创新指数、全球竞争力报告、加拿大大西洋省区域创新指数，以及加拿大部分州与地区的创新指数。日本发布了全球城市实力指数、全球化城市指数（GCI），澳大利亚发布了全球城市创新指数。

这些指数表现出了一些共同特征，一个是服务决策的功能定位明显。加拿大大西洋省区域创新指数的一个主要目的就是通过衡量知识的产生、传播、应用及其之间相互联系的过程和国家创新系统对区域创新系统的影响，为本区域创新系统的建设提供决策依据。另一个是，树立清晰的标杆对象，找出差距和缩小差距的对策[13]。

（二）评估范围

区域创新系统概念最早由英国学者Cooke于1992年提出，并于1996年明确了定义：区域创新系统主要是由在地理上相互分工与关联的生产企业、研究机构和高等教育机构等构成的区域性组织体系，在这个体系内，企业和其他组织通过根植性的制度环境相互学习，且这种体系支持并产生了创新。目前认为，区域创

13 陈永品，刘志华. 区域创新评价指数体系亟须完善[N]. 中国科学报, 2013-2-26(第八版)

新评估主要是对由某一地区内的企业、大学和科研机构、中介服务机构和地方政府构成的创新系统进行评估。从地理空间范围、创新主体、组织结构和空间结构等方面对区域创新系统进行界定。经过理论研究者的系统研究，区域创新理论已成为在知识经济和产业网络范式下，揭示区域学习创新、地方环境和区域增长之间有机联系，阐释区域竞争优势和区域经济发展的重要理论。

区域创新能力是一个广泛的概念，从知识和学习的角度，可以把它分解为四个层次的能力：知识创造能力、知识流动能力、本地结网能力、区域学习能力。

1. 知识创造能力

大学、研究机构是主要的知识创造者，一个地区的知识创造能力可用本地区大学和研究机构的数量来说明。例如，中关村是世界上罕见的智力密集区，中关村的知识创造能力是很强的，但是知识创造能力与区域创新能力却不存在必然的正相关关系，知识创造能力是区域创新能力的必要条件而非充分条件。

2. 知识流动能力

知识流动是国家用来测度国家创新系统绩效的重要方法。同样，对于创新区域来说，知识流动能力是区域创新能力的重要体现。知识只有流动起来，流入到最需要知识的地方去，才能实现知识的创新，达到知识的最佳配置。知识流动有四种基本类型：企业间的相互作用；企业、高校和公共研究机构之间的相互作用；知识向企业的扩散；人员流动。中关村科研院所、大学和企业的联系以直接的资源投入关系为主，而相互之间的技术协作和信息联系居于次要地位。企业与科研院所、大学之间的联系，主要体现为与原有行业所属主管部门的纵向联系，而部门之间及同一技术领域类型的科研院所之间、大学之间、企业之间的横向联系较少[14]。

3. 本地结网能力

硅谷的成功就得益于当地的地区网络，硅谷企业与本地的上游供应商、下游客户及竞争对手之间建立了平等互惠的合作关系网络，在人际信任的基础上，建立了充足的支撑网络的社会资本。本地的网络联系越强，就越容易增强区域认同感，形成区域创新文化，持续地增强本地的知识基础，促使隐性知识在区域内转化为编码化的知识，而这种隐性知识是区域外竞争对手难以复制的[15]。

4. 区域学习能力

新熊彼特主义经济学家认为，现代经济中最重要的基础资源是知识，因而最重要的活动过程是学习。创新是以交互式学习为基础的。学习能力是创新过程中

14 李顺才，邵凤英. 区域创新系统中的知识流动障碍及其化解[J]. 管理学报, 2006, 3(1): 109-112
15 谢永琴. 区域创新网络与北京高新技术产业园区发展研究[J]. 技术经济, 2005, (4): 1-4

最重要的能力。区域学习是区域内创新参与者之间的集体学习过程，这种集体学习过程不是个体学习的简单叠加，而是创新参与者之间在交互学习过程中而产生的协同效应，集体学习促进了知识的快速扩散。这里的学习指的是获取新技能和建立新的竞争能力，而不只是获取信息等显性知识。当参与者之间足够接近，以至于能频繁互动和便利、有效地进行信息的交流时，才能进行有效的学习和创新。创新能力通过享有共同知识基础的区域共同体而得以持续。良好的集体学习依赖于区域社会资本和信任的建立。硅谷的地区网络是以深厚的社会资本和高度信任为基础的，从而推动了有效的集体学习过程[16]。

（三）评估目的

从构成要素上看，创新型区域必须具备创新主体（企业、大学、研究机构等）、创新资源（基础设施、信息网络、资金、技术等）、创新制度（激励、竞争、评估和监督等）。

从发展驱动上看，创新型区域是以知识（包含科技）、人力资本为核心要素并通过创新驱动的一种发展模式，这里的创新包含知识创新、技术创新、制度创新和文化创新等综合创新要素。

从功能标志上看，创新型区域是研发资源的高密度聚集区和区域性科技研发中心、产业链的高端节点集聚地及区域性新兴产业中心、品牌资源密集区和大批创新型企业的营销窗口或营销创新舞台、公司总部聚集地和区域性企业运营中心。

创新型区域应具有拥有优良的交通电信基础和功能完善的城市中心区；拥有充足的经营、文化、媒体、体育及学术活动的场所设施；拥有受教育程度较高的劳动力队伍；政府治理有效，服务高效；拥有高质量的居住选择等要素。

（四）评估方式

科技创新是某一区域或某一企业获得核心竞争力最重要的途径，区域核心竞争力的增长有赖于区域科技创新。结合迈克尔·波特（M. E. Porter）教授的竞争优势原理与“钻石”模型理论，区域科技创新的发展状况则取决于该区域的要素条件、需求状况、支持产业和相关性产业、企业战略和结构与同行竞争、政府作用等五大因素。

1）要素条件主要是指高级要素，即人力资源中的技术性人力资源、基础设施的现代化设施与知识资源等的长期积累情况。从区域创新系统的构成要素出发，将区域创新能力评估指标分为信息能力、技术能力、组织能力和制度能力等四个

---

16 刘希宋，甘志霞，吕海军. 区域创新能力与中国科技园的发展[J]. 机电产品开发与创新，2002，(6)：8-12

方面。

2）区域的市场需求状况是促进区域科技创新能力提升的重要条件，它主要取决于区域科技创新后的产出及转化能力，如果其转化能力高，就说明其科技创新的结果可以满足区域内的市场需求。

3）支持和相关性产业在不同程度上影响着区域的科技创新水平，对其社会效益有着不容忽视的作用。例如，产业之间的支持或者是上游产业或下游产业的支持和要求等，都可以促进产业创新，甚至可以促进产业与产业之间的联合创新，提高社会效益等多方面的绩效。所以，社会绩效层面可以很好地反映支持和相关性产业对区域科技创新的影响。

4）合理、科学的企业战略和结构会给企业及所在区域带来很大的经济效益。同时，激烈的同行竞争也会给企业及所在区域带来压力和危机感，要想发展就必须调整自身的战略和结构以适应市场竞争、获得更高的经济效益。因此，经济绩效可以很好地反映企业战略、结构与同行竞争这一要素对区域科技创新的影响。

5）区域的科技创新离不开当地政府的调控作用。该因素对科技创新的影响主要体现在政府财政的科技投入与管理等方面。

六、企业运营

（一）概述

作为欧盟产业研究与创新监测分析活动的一部分，欧盟委员会每年都会发布产业研发投资记分牌。《2014年欧盟产业研发投入记分牌》[17]报告基于研发投入规模、增长率及研发强度等指标对全球2500家顶级企业（以下简称Top2500企业）进行了排名，从区域差异、产业分布等角度对全球企业研发投资现状和趋势开展了分析研究。这些企业主要来自美国（804家）、日本（387家）、中国（199家，不包括港澳台企业）、英国（140家）、德国（138家）及其他国家或地区。

我国多数企业还没有成为创新系统的主体与核心，特别是国有企业技术进步的动力，不是来自市场的外部压力，而是来自政府主管部门，这种被动的创新松散且低效。因此，加快推动科技创新发展，促进科技与经济相结合，加速科技成果转化，对改进和完善符合我国国情的国家创新体系建设具有深远的战略意义。

（二）评估范围

企业创新能力评估是企业创新研究的重要内容，是关乎企业创新发展的一个重要环节，是企业认识自我的重要依据，同时也是政府制定政策措施的重要参考。

17 Hernández H, Tübke A, Hervás F, et al. The 2014 EU industrial R&D investment scoreboard. 2014

1. 创新资源投入能力

创新资源投入是指获取稀缺生产要素并在创新活动中的投入，而创新资源投入能力则指投入创新资源的数量和质量。知识经济强调，知识是最重要的经济资源，然而，知识的重要性不只是在于对知识的拥有和控制，更重要的是蕴藏在知识背后的能力及其发挥，而且企业的利润主要归结于对知识和智力的大量投入带来的递增收益。所以，在后工业社会，资源投入的数量和质量衡量就更加复杂，主要是从企业的经营效率和效益来体现其差异性。

2. 创新管理能力

创新管理能力表现为企业发展和评估创新机会、组织管理创新活动的能力。一个善于管理创新的企业应具有明确可行的创新战略和有效的创新机制。由于组织化是现代企业创新的基本特征之一，因此，有效的创新机制是指企业创新人员得到合理安排使用，企业内部研究开发、生产、营销与综合管理部门存在畅通的联系渠道，有良好的沟通方式，部门间能够开展旨在实现创新的协调和具有良好的激励机制，企业与外部在组织、信息、人才等方面都有很好的交换方式和制度。

3. 创新激励能力

企业创新不是单纯的企业守业活动，而是企业员工追求卓越、积极进取的过程，是企业文化中首创精神的体现。创新激励能力就是使企业产生创新愿望，鼓励将愿望变成现实的能力，是使员工具有创新主动性和前瞻性的能力。

4. 创新成果产出能力

创新成果产出能力是相对创新过程而言的。从技术创新过程来看，基本上经过几个阶段，即由基础研究与应用研究得到设想或新的思想，然后经过研究开发出模式、样品或实验数据，经过中试过程，最后生产出新产品投入市场，并在营销中取得创新的效益。根据创新过程，可以认为创新成果产出能力包括以下几方面。

1）企业研究开发能力。研究开发能力是创新资源投入积累的结果。但是创新资源投入能力不能代替研究开发能力，前者既强调研究开发投入，又强调非研究开发投入，后者则强调研究开发产出。

2）生产能力。生产能力指将研究开发成果从实验室成果转化为符合设计要求的批量产品的能力。

3）营销能力。创新所需要的营销能力不仅是指产品开发出来后所具有的销售能力，而且还包括研究市场，使消费者接受新产品，通过企业用户和竞争者反馈信息以改进产品，从而提高新产品的市场占有率和扩大市场范围的能力。

（三）评估方式

1. 基于专利的企业技术竞争力评估

在研发规划、企业并购、企业市值和无形资产评估与预测等过程中，经常需要对同一国家、不同国家企业的技术竞争力进行评估（图 5）。专利数据的全面性、完整性、客观性，以及和各国之间具有可比性，且容易获得，使得基于专利数据的企业技术竞争力评估获得了越来越广泛的应用。

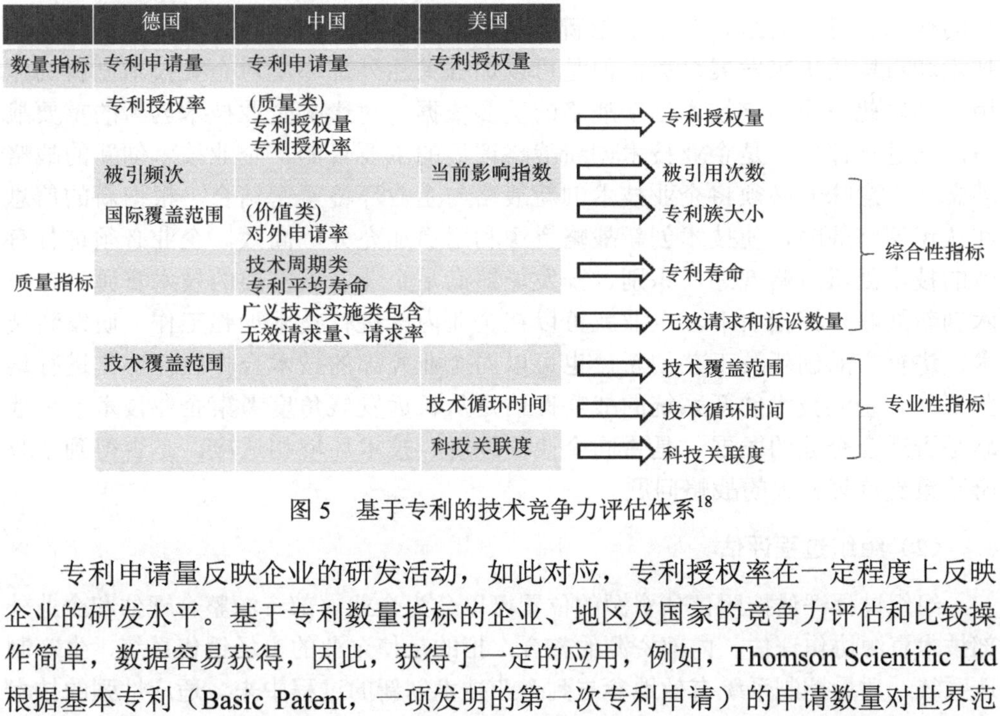

图 5　基于专利的技术竞争力评估体系[18]

专利申请量反映企业的研发活动，如此对应，专利授权率在一定程度上反映企业的研发水平。基于专利数量指标的企业、地区及国家的竞争力评估和比较操作简单，数据容易获得，因此，获得了一定的应用，例如，Thomson Scientific Ltd 根据基本专利（Basic Patent，一项发明的第一次专利申请）的申请数量对世界范围内燃料电池领域的企业进行排名和比较，采用这些指标来评估我国不断增长的技术竞争力。作为专利数量指标时，专利申请量的缺点是，它较容易利用人为的方式改变，未经过创造性、新颖性和实用性的专利审查，所以大多数主流研究一般采用专利授权量作为数量指标。

2. 基于动态能力的企业创新评估[19]

传统的评估方法往往无法涉及企业技术创新活动同外部环境的适应性方面，

18 李清海，吴泗宗，刘洋．基于专利数据的企业技术竞争力评价和跨国比较体系研究[J]．工业工程与管理，2005 年增刊：101-106

19 袁宇涛，刘云．基于动态能力的企业技术创新评价体系研究[J]．科学学与科学技术管理，2005，26(4)：57-61

而基于动态能力的评估方法首先从创新环境评估入手，指导企业审视研发战略的适应性，进而强调了企业系统内部各部门在企业技术创新系统中的分工与协作关系，并且反映了企业外部的关键客户、技术伙伴、关键供应商对于企业技术创新系统的重要性，同时也考虑到技术创新产出效率的评估，为企业加强其技术创新活动的外部适应性提供决策支持。

（1）战略评估

企业技术创新系统所面临的复杂性是多方面的和难以预测的。例如，一项科学技术的突破可能会使企业的技术创新环境发生根本性变化；另外，市场需求的变化也可能会给企业技术创新活动带来不小的冲击。我们不可能准确预测技术和市场的未来发展趋势，但是可以加强关注外部环境对企业技术创新的作用，并以此作为调整技术创新战略的重要依据。对影响企业技术创新的重要战略因素进行评估，是企业技术创新战略评估的主要目的。企业技术创新的战略动态性，意味着必须将企业技术创新战略与企业环境紧密结合，根据新的信息和认识调整战略，使技术创新战略资源利用更加充分、高效。企业必须进行有效的技术创新战略规划，识别、开发能够满足企业发展需要的技术资源。在技术创新战略目标指引下，企业就可以在企业内部进行技术加强工作，研发新技术，进行产品创新及工艺创新，也可以同企业外部的技术合作伙伴协作进行这些工作。企业技术创新系统的战略评估是从长远发展角度考察企业技术创新战略是否适合企业的发展，是否同企业的经济、技术环境相适应，是否得到了政府政策支持等相关的战略问题。

（2）组织过程评估

组织过程评估按照评估资源的位置可以分为企业内部资源整合评估和企业外部技术资源协作评估。内部资源的整合，指的是使企业的市场销售系统、生产制造系统、质量控制系统有效地参与到企业技术创新的过程中来。适应性强的技术创新系统，一定是具有全面集成并行开发能力的技术创新系统，因此对技术创新系统并行能力的评估，是组织过程评估的重要内容。企业技术创新组织过程的其他关键问题还包括：研发项目选择的科学性、研发风险管理的有效性和组织学习能力。通过设置定性评估指标，分别对以上项目进行评估。

企业同外部技术资源的协同，主要是企业的关键客户、外部技术伙伴、关键供应商对企业技术创新的参与和支持。确保企业的内部需求和外购技术互相匹配，并确保企业选择外部技术资源的灵活性与有效性，才能有利于企业加强发现技术、选择技术和技术转移的适应性。所以，在指标体系中设置对企业关键客户、外部技术伙伴、关键供应商参与技术创新的定性评估指标。

（3）绩效评估

企业技术创新系统的绩效评估是对企业技术创新系统的投入产出效率进行评估，绩效评估为技术创新系统动态能力的作用结果进行直观衡量。在绩效评估中设置的投入性指标有：企业研发经费支出、企业科技人员数量、企业引进技术支出等；产出性指标有：研发成果数、技术转让收入、新产品销售额、原材料能耗指数等。

第四章　科技评估流程

陆　娇　刘　剑　刘樱霞

（中国科学院上海生命科学信息中心）

科技评估是 RIT 治理的一个组成部分，并不仅仅在项目结束时进行。科技评估是一个连续的过程，不仅在项目规划过程中，并且有可能在项目进行期间定期和反复地进行，在项目结束时也进行。同时，科技评估收集的数据可能是定量的，也可能是定性的，或者两者兼有。因此，科技评估没有单一的模式。

而就科技评估的根本目的而言，科技评估是为了系统地调查一个对象（主体或项目等）的价值和优点。科技评估有助于该对象的提高，并且在没有敌对意识下进行，可以传达项目信息给有关方（图 6）。

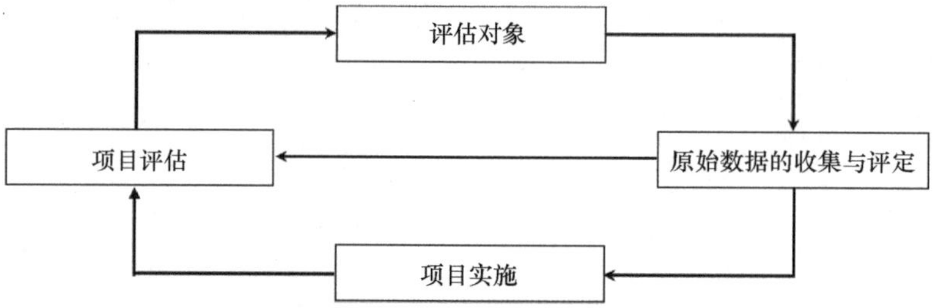

图 6　项目的开发/评估周期

一、基本流程

综合而言，科技评估的基本流程一般包括 5 个主要步骤：第一，明确评估目的，并与委托方沟通形成评估合同，明确获取信息的对象，确定可用资源、所需时间和适当付出的水平及其成本；第二，选择评估分析的方法，设计获取信息的方法或开发专用的模型，并与委托方商量确定评估工作的实施方案；第三，数据信息收集，并利用评估方案确定的方法进行信息加工；第四，分析和解释结果，形成初步意见，并与有关方进行沟通、确认；第五，完成评估报告，并进行提交，部分公开报告还可以正式出版。科技评估的基本流程如图 7 所示。

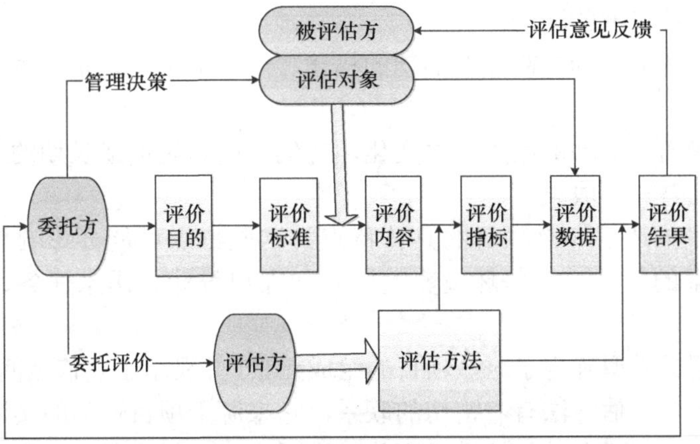

图 7 科技评估的基本流程

二、确定评估目的

在明确评估目的时，其实是要分析整个评估项目的被评估方、评估对象，结合分析内容，确立一个评估的概念模型（图 8），并建立评估的问题，定义可测量的结果。

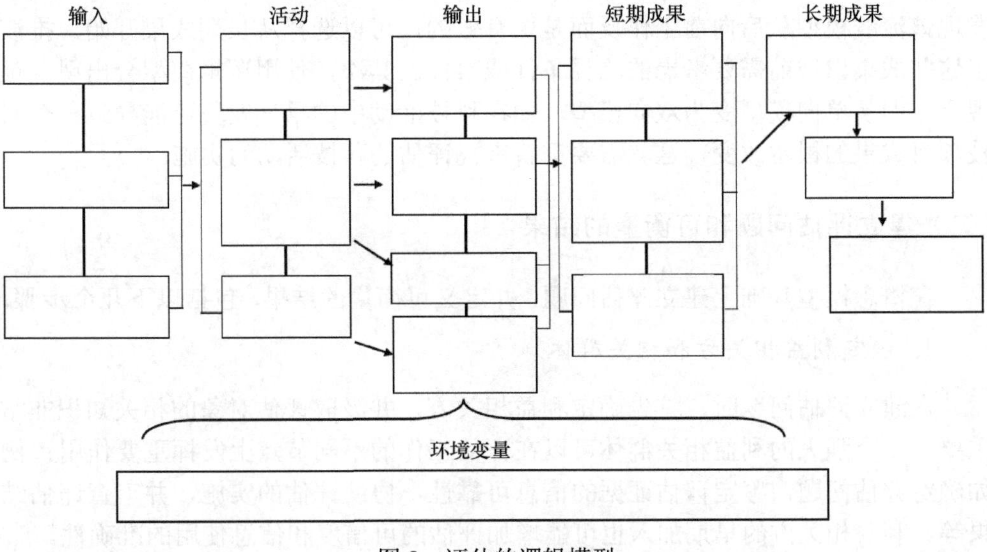

图 8 评估的逻辑模型

（一）建立项目的概念模型和评估的关键问题

输入是各种支持项目的资金来源和资源流。例如政府资助是输入，实物捐助也将是一种输入。

活动是指项目中特定的服务、材料和行动。例如一项新的职业培训的开展是一项能提供专业发展的活动。

输出是这些活动的产品或对活动的描述。一个输出可以指提供专业服务的小时数。

成果可能随着活动的结果发生变化，它们可能是短期或长期的。新内容或教学技能的获取是一种成果。

环境变量描述了一个项目的具体特点，这些特点可能会影响具体活动的实施和最终成果的形成。一些环境变量例子如人口统计、国家任务、机构政策和经济条件等。

图 8 中逻辑模型确定了这些项目的组成元素，并显示了它们之间的预期联系。逻辑模型与项目评估方法有着密切的联系，它来源于项目评估的实证研究或实践经验，同时它也需要在具体的项目评估时进行修正，形成概念模型。评估的过程需要收集数据，然后才可以测试-确认或拒绝-调整所提出的概念模型。概念模型明确各实际组成要素的联系和变化，从而帮助评估者确定评估需要探讨的问题，它们也有助于选择适当的评估方法。因此，逻辑模型是一个动态的工具，具体开展科技评估时，结合评估对象修改和更新逻辑模型，是一项重要的工作。

视觉上，该逻辑模型显示了从左边输入到右边长期成果的一个流线过程。但是，在做具体的科技评估时，需要对这种流线过程加以修正。有时，项目团队会发现该流线模型从后向前工作反而是更有效的，可以选择从长期成果开始，推演出这些成果出现前需要考虑的临界条件或事件。其次，使用逻辑模型会出现反馈现象，即从单向模型变为双向模型，如在科技活动中的早期发现可能导致一个科技项目成果的根本改变，这就需要重新审视评估的科技活动的实施。

（二）建立评估问题和可衡量的结果

在概念模型基础上建立评估问题，并定义可衡量的结果，包括以下几个步骤。

1. 确定利益相关方和相关群体

在建立评估问题时，首先确定利益相关方，并汲取评估对象的相关知识非常重要。一个强大的利益相关群体可以在评估工作的不同节点上发挥重要作用：例如确定评估问题，鉴定评估证据的信息可靠性，协助评估的实施，并审查评估结果等。利益相关方的早期加入也可能增加评估的可信度和信息使用的准确性。

2. 制定潜在的评估问题

制定潜在的评估问题，需要考量将一个评估目标转化为可衡量的结果。潜在的评估问题包括：信息收集给谁看，谁会使用相关评估结果；需要什么样的信息；信息怎样使用；什么时候需要信息；怎样评估是有效的；当问题有给定答案的情况下，什么评估方法是适合的。

3. 定义可衡量的结果

定义可衡量的结果需要考虑到以下内容：明确清晰的评估目标；对评估目标加以细化；尽量简洁明了地设定评估主体；待评主体是否可以进一步划分为更小的单元；待评主体是否可衡量，若不能则重新设定。如果以上内容都完成了，需要回到下一主体，并对它加以细化，考虑是否可以进一步划分和衡量。

4. 优先和消除的问题

在规划资源配置的时候，评估者应当优先考虑减少样品偏差和反应偏向的步骤，而不是大样本的选择。

三、建立评估指标

在科技评估过程中，团队必须按照一系列的评估标准对评估主体进行评估和打分，以确定最佳选择来满足评估需求。团队必须对评估对象进行明确的分析，并提供一个可以用来评估的指标体系和建立指标体系的理由。这个过程（图 9）包括以下几部分。

1）建立一套评估标准，并在适当的条件下将标准划分为几组不同类别。

2）根据评估标准，确定评分方案。

3）提供一组数值来确定标准和评估类别的相对重要性。

4）计算每个评估对象的整体得分。

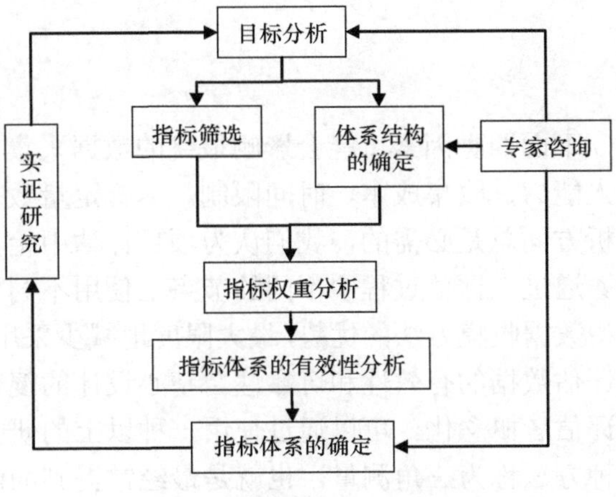

图 9　评估指标体系的构建过程

一个成功的评估需要评估团队、委托方、专家和利益相关方在整个评估过程中有效沟通与交流。同时，确定的评估指标体系需要加以实证研究反馈给分析目标。

四、收集评估数据

在收集评估数据时需要获得必要的审批和许可；需考虑受访者的需求和敏感性；确保数据收集人得到充分的培训，并以客观、公正的方式进行操作；从尽可能多的目标样品中获取数据；尽可能少地干扰当下正在进展的工作。

（一）数据的质量

收集数据的质量控制，首先需要考虑到数据收集人的选择、雇佣和培训。评估团队需要制订一套标准来选择和雇佣数据收集人。除了通过对数据收集人的培训来保证数据的质量外，对数据的不断审查也是必要的。数据的不断审查需要保证以下几点：在整个过程中不断对每个节点审查，对数据收集人审查，并对核心数据审查分析。

（二）数据的科学性

选择定量或定性方法开展评估，需要权衡不同的应用场合，例如普遍性的评估和针对特定对象的评估。通过定量方法收集的数据往往认为是更加客观和准确的信息，因为它们在收集过程中使用标准化的方法，具有可重复性，且可通过复杂的统计学方法进行分析。基于这些原因，一般认为定性技术更加适合事前评估，而绩效评估更加需要比较“硬”（定量）的技术来完成项目最终价值的评判。

（三）数据的采集

在实际应用中，下面四种因素可能会影响最终的数据采集方法：调查结果的可信度，数据收集人能力，收集成本，时间限制。尽管定量数据在案例的干预措施和方法的效率分析方面总是必需的，我们认为项目评估中绝大多数情况也是需要定性数据分析的。通过在评估过程中不同的节点上使用不同资源和方法，评估者可以利用不同类型数据收集方法的优势，最大限度地减少采用单一方法的劣势。混合方法可以增加评估数据的有效性和可靠性。精心设计的混合方法能够带来的一系列好处已经被评估者概念化。可以通过使用一种以上的研究方法来增加研究结果的有效性，这种方法称为三角测量，也就是最经常提到的混合方法的主要优点（图 10）。这两种方法的结合有助于全定量收集数据方法的改善和增强评估者对研究结果的理解。

每一个项目评估过程中，可供选择的数据收集方法有很多种。评估任务被具体问题、时间表和资源等特征化，进而每种方法具有各自的优缺点。数据收集方

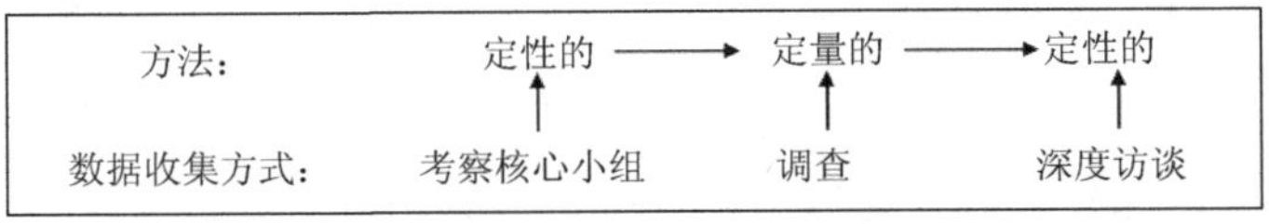

图 10　混合方法的设计实例

法包括调查、深度访谈、考察核心小组、观察和测试等。尽管有些评估者对定量或定性方法有着特殊的偏好，但现在比较明智的观点是：没有哪一种单一方法总是合适，精心设计的混合方法反而能够提供最有用的信息。

五、分 析 数 据

分析数据首先要检查原始数据和准备分析数据；接着按照评估方案开展初步分析；再根据初步分析结果进行额外分析；然后整合并形成数据分析结果；最后根据数据分析结果得出结论。

对项目进行评估时，需要对收集的数据保持一定的灵敏度、理解力和文化背景知识储备，这样在分析所收集的数据和描述评估观点时才能更加谨慎。准确把握所观察到的数据的确切意思，需要对评估对象具有一定的文化敏感度。评估开展数据分析时，文化背景了解是很重要的，同时生活经验也很重要。

数据集的分解是一种强烈推荐的数据分析方法，因为依赖于整组数据统计分析的评估结果往往会忽略掉一些重要信息。另外一种数据分析方法是交叉制表法，也称作分割数据法，主要分为两个步骤：首先将数据按照不同的类别做简单的统计，然后按照别的因素类别将统计结果进行分割。

总之，数据自身不会为自己讲话，也不会自我证明；而是通过那些解释它们的人或事来得出结果。数据分析的结果，不仅与评估项目参与者有关，而且还与那些解释和呈现它们的人有关。项目评估过程中，数据派生出来的评估观点需要评估者对数据的文化背景具有一定的知识储备。

六、形成评估结果

形成的评估结果包括：提出前述分析结果，整理评估问题对应的结论清单，总结主要的研究结论。形成的评估结果是经过确切沟通讨论过的，不能在关键区分点上含糊其辞。图和表格在呈现复杂的评估结果，特别是在呈现不同节点间和主要模型间的区别时至关重要。在高度协作的多点评估体系中，不同的评估人员分别从事结果的解释、报告的起草和编辑相当重要。同时，不同的评估人员需要协作，完成评估结果的的报告，评估结果的发布等工作。

第五章　科技评估方法

范月蕾　苏　琴　孙迟临　陆晨洁

（中国科学院上海生命科学信息中心）

科技评估是一个综合性很强的系统工程，根据评估的目的和要求，涉及计划的投入与产出、计划的执行、计划的活动与特征、计划的效果与影响力等多个方面信息的采集、分析、判断和评估。从进行评估的时间点进行划分，科技计划评估可分为事前评估、事中评估和事后评估三类。事前评估指科技计划的立项评估；事中评估指对科技计划的执行情况进行评估；而事后评估则通常着重对计划的效果和影响进行评估，有时还可能因某些计划的效果及影响的迟滞效应较大，延后较长时间进行跟踪评估。本书中的科技评估方法主要以科技计划的事后评估为主。

一、科技评估方法的发展历程

科技评估方法的选择对全面、客观地进行科技评估有着重要的影响。随着该领域研究的不断深入，科技评估的方法也在逐步发展和完善。最初的科技政策评估是采用定性分析的方法进行评估，受主观因素影响较大。为此，人们逐渐把一些数学、运筹学和经济学等学科的方法引用到科技政策评估中，以提高评估结果的科学性，科技政策评估逐步进入定性分析和定量分析相结合的阶段，评估质量有了质的提高。

20 世纪 50 年代中期，R. D. Luce 提出字典法，用以对有限方案的排序，其间专家评分法开始应用于系统综合评估，即在定量和定性分析的基础上，以打分的方式做出定量的规范化评估，结果具有较强的数据统计特征。1964 年 Aunann 针对多目标的综合评估决策问题，提出效用函数概念，对价值的存在性和可度量性、多目标总体价值或效用的可分解性和可合并性，以及偏好与价值的关系等方面进行研究，奠定了多属性系统综合评估的理论基础。

20 世纪 70 年代中期，美国著名运筹学家 T. L. Saaty 提出划时代意义的层次分析法。该方法的核心问题是排序问题，其基本思想是先按照问题要求建立一个描述功能或特征的内部独立的递阶层次结构，通过两两比较目标或方案、准则、因素的相对重要性，给出相应的比例标度，构造上层目标对下层相关目标的判断矩阵，以给出相关目标对上层目标相关重要性的序列，充分体现出决策者在决策过程中分解、判断、综合等基本特征。由于具有系统性、简便性等特点，该方法得到了深入研究与广泛应用，成为科技项目评估中的常用方法。1978年，美国Texas大学著名运筹学家A. Charnes教授、W. W. Cooper教授和E. Rhodes教授首先提出数据包络分析法，以评估具有相同类型的有限多个单位之间的相对有效性。这是一种纯技术的、求解非确定性系统综合评估问题的方法，开辟了运筹学崭新的研究领域。

20世纪90年代，系统评估方法又取得了长足的发展。从广义上讲，涌现出许多应用其他领域知识的新的评估方法，如专家系统法、灰色系统评估法、人工神经网络法、物元分析等。就深度而言，方法应用的同时，实现了技术上的改进和理论上的突破[20]。

目前，国外在科技计划评估的理论、方法及应用方面都取得了很大成效，已形成了较为完善的评估程序与评估方法。在实际应用方面，很多国家的科技政策评估是以定性分析为基础，以定量分析为手段，采用定性与定量相结合的方法，但也有一些国家仍只采用定性分析为主的方法进行评估。美国、法国、日本等国家科技计划评估目前是采用定性和定量分析相结合的方法。英国、瑞士进行科技计划评估是以定性分析为主。瑞典基本上是定性分析。

二、科技评估方法的选择依据

随着该领域研究的不断深入，如今已发展了多种科技评估方法，如何针对项目的特点选择适用于该科技政策或科技项目的评估方法也是进行科技评估过程的重要环节。科技评估方法的选择需要体现科技评估项目的特点、遵循独立客观的原则、明确科技评估的目标，选择的方法需要具有可操作性并以决策为导向。

1）评估活动既是制度化、有立法保障的工作行为，又是极富专业性、技术含量高的研究活动。因此评估活动从设计到实施必须符合规范要求，要对所用评估方法的合理性、所用数据的可靠性进行论证。

2）评估活动为决策提供服务是评估的基本宗旨，独立与客观是评估遵循的首要原则。评估者必须保证评估从设计、实施到评估报告的完成整个过程是独立且客观的，能为决策提供服务，并且不抹杀评估活动自身的规律，选择的方法在实施过程中必须满足独立、客观的特点。

3）明确的评估目标是确保评估质量的关键因素。评估目标越明确，评估结果发挥的作用越大。因此，必须按照评估目标选择合适的评估方法，选择的评估方法需体现评估目标的特点。

4）科技评估必须要具备科学性与合理性。同时，由于存在评估涉及的项目种

20 王凭慧. 科技项目评价方法[M]. 北京: 科学出版社, 2003: 32-34

类繁多、评估依据材料收集困难、评估对象复杂、评估过程易受人为因素干扰等诸多问题，在设计评估指标体系和选择评估方法时，既要严格筛选、合理构建，又要兼顾到操作程序的简化问题，减少评估工作量，使评估工作简明、易于操作。

5）以决策为导向，注重评估理论方法的创新。评估机构应该注重加强对评估理论方法的研究，这是评估活动保持生机活力的源泉。

三、主要的科技评估方法

目前科技评估方法主要分为定性评估方法与定量评估方法。定性评估方法主要包括专家会议法、同行评议法、问卷调查法、德尔菲法，依靠政策制定部门、政策执行部门或相关领域政策专家的经验，主观判断科技创新政策的实施效果，容易导致一定的偏差。定量评估方法多采用系统的数学理论，有效提高了科技创新政策实施效果评估的科学性，主要包括层次分析法、模糊综合评估法、数据包络法等。

（一）定性评估方法

定性评估方法是指对事物（指标等）的特性描述和材料分析之后，制定出定性的评估标准，按一定的标准进行评估，评估者全靠印象来评估。科技评估中定性评估主要体现在专家意见征询与民意调查。但在目前的评估手段中，往往将定量方法与定性方法相结合，二者相互转化、互为补充。虽然在定性研究中已经吸取了领域内权威专家的意见，但仍存在主观成分，专家的选择直接影响政策评估结果，结合定量的方法有利于提升其理论性与系统性。

1. 专家会议法

（1）方法简介

专家会议法是指据规定的原则选定一定数量的专家，按照一定的方式组织专家会议，发挥专家集体的智能结构根效应，对预测对象未来的发展趋势及状况，作出判断的方法。利用专家访谈进行的科技评估中，头脑风暴法是最常见的方法之一。头脑风暴法出自“头脑风暴”一词。所谓头脑风暴（brain-storming），最早是精神病理学上的用语，指精神病患者的精神错乱状态，如今转而为无限制的自由联想和讨论，其目的在于产生新观念或激发创新设想。头脑风暴法主要用于产生大量观点或可选方法的方法。与其他方法相比，它能激发更多的观点和更好的建议。该方法充分运用所有人员的创造力，产生大量的可选择方案后，使决策者有更好的机会发掘更多的观点来解决问题，从而提高决策质量。

科技评估中的专家会议法，针对需要评估的项目或政策，组织有关专家召开专题会议，主持人以明确的方式向所有的参与者阐明问题，说明会议的规则，由专家“自由”提出尽可能多的意见。

（2）评估流程

a. 明确讨论目标

在专家会议前，定好需要评估的科技项目及相关的论题。提出的论题一定要表述清楚，不能范围太大，而是要落在一个明确的问题上，如果论题设的太大，主持人应将其分解成较小的部分，分别提问。

b. 制作背景资料

背景资料是给予参与者的邀请函中，提供会议背景资料的信件；包含会议的名称、论题、日期、时间、地点。论题以提问的形式描述出来，并且举一些设想作为参考。背景资料要提前分发给参与者，这样他们可以事先思考一下论题。

c. 选择与会者

根据评估项目的特点组建专家小组，由与会者和一位记录员组成。一般来说小组由 10 多名成员组成比较行之有效。一般由多位本领域的专家、几位对本领域感兴趣的嘉宾及一位记录员组成。

d. 会议进行

主持人要负责领导会议并确保遵循基本规则。一般会议分以下几步骤：主持人宣布论题，如需要再做出进一步解释；主持人向专家小组征求意见；如果没有当即提出的设想，主持人提出引导问题来激发大家的创造力；所有与会者各自说出自己的想法，由记录员做记录；为表述清楚，与会者往往需要对自己的设想加以详细阐述；时间到，主持人依照会议宗旨将所有设想进行整理并鼓励大家讨论；把所有设想归类；回顾整个列表，以保证每个人都理解这些设想；去除重复的设想和显然难以实现的设想；主持人对所有与会者表示感谢并依次给予赞赏。

e. 得到评估结果

会议的最后阶段，小组成员根据会议从中挑选出解决问题的方法或者就某个议题达成一致，从而获得最后的评估结果。

（3）评估特点

专家会议法的优势包括以下几点。

一是专家团体所拥有及提供的知识和信息量，比单个专家所拥有的知识和信息量要大得多。

二是它使专家交流信息、相互启发，产生“思维共振”作用，暴发出更多的创造性思维的火花。

三是它能够发挥一组专家的共同智慧，产生专家智能互补效应。

四是专家会议所考虑的问题的各方面及所提供的备选方案，比单个成员单独思考及提供的备选方案更多、更全面和更合理。

当然，专家会议法也存在一定的缺陷，如会议的效率受人员规模的限制，无法广泛采纳社会的意见，专家的权威性会影响意见的倾向，且得到的结论较主观。

（4）应用情况

专家会议法是各国各类科技政策、科技项目、科技计划全流程中运用的常见方法。例如，以美国阿波罗计划为例，美国宇航局（NASA）在总部层次设立了载人航天办公室及阿波罗计划办公室两级管理架构，NASA 总部主要通过阿波罗计划办公室监管计划和项目的执行，召开定期和不定期的评审会、汇报会是主要的日常监管手段。其中，高层的阶段汇报会集思广益，通过描述节点、里程碑、基线等不同时期对项目进行控制[21]。

2. 同行评议法

（1）方法简介

在科技评估中，同行评议（peer review）是指某一或若干领域的专家共同对某一科技政策及科技项目的实施进行评估的活动。同行评议的操作由来已久，形式也多种多样。最开始的雏形可以追溯到 17 世纪中叶，《英国皇家学会哲学学报》（*The Philosophical Transactions of the Royal Society*，Phil. Trans.）的创刊时期。当时该刊的主编开创了请同业人士评定文章发表与否的先河，提升文章评定的公平性。

在众多的科研政策与科技计划评估方法中，同行评议法有其无可替代的地位。同行评议是科技评估的重要方式，也是各国政府、科学研究资助机构遴选项目所普遍采用的方法，它在保证科技政策及科技计划的评估质量方面发挥着至关重要的作用。

（2）评估流程

a. 由评审机构对待评估的科技计划进行预评估，确定其使其符合同行评议的基本要求。

b. 选择被评项目科学领域的若干专家作为评议人。

c. 将科研项目或科研成果的有关材料交指定的专家评议组审议，给出专家评审意见。

d. 评审专家将意见反馈给组织者，由组织者综合专家意见给出综合评估值。

e. 根据资源和评估的情况决定是否给予资助或投资，或继续实施该政策。有时还需请科研项目申请人或成果完成者到会进行质疑或答辩。

（3）评估特点

该方法具有权威性与可靠性等特点，但基于该方法一般专家直接决定项目的

---

21 Loff S. The Apollo Missions[EB/OL]. http://www.nasa.gov/mission_pages/apollo/missions/ [2016.12.30]

优劣，该方法也存在一些不足之处。

首先是权威的影响。因为科学权威所做的鉴定会被认为具有重大的或决定性的影响力；评议人在对有地位的科学家的成果进行鉴定时可能会有意倾斜。所以权威确实会在上述两个方面违背科研项目评估公平、公正的原则。对于高层科学家科研项目的评审不那么苛刻，评议人在证据不足的情况下会假定这些人无错，所以具有相同的内在价值的科研项目会由于科学家地位的不同而得到不同的评估。

其次是匿名制的影响。一般认为，对评议人完全隐匿作者姓名的做法可以避免上述问题，然而实际上，科研项目中的各种线索都常常会提供作者（尤其是著名作者）的明确无误的标识，所以去掉作者的名字和所属机构没能使项目或论文匿名化。有水平的评议人一眼就会看出成果来自哪里，是由谁完成的，或是受到了什么人的指导。

最后是对评议人的评议问题。不同领域和不同类型的评议人在这方面存在着差异，所以，对评议人的筛选也成为同行评议体制的问题之一。作为进行同行评议的专家，很多人已经了解其所在学科最前沿的发展情况，由于其作为评议人的角色，他们会对所评议的科研成果进行细致的研究，因此，本身作为研究人员的评议人就有可能从中得到一些前沿的研究线索。作为评议人来讲，可以说这是合法的借鉴、借用或学习，可在被评议人看来则是剽窃，因为评议人很可能会抢先利用这些新的研究线索[22]。

（4）应用情况

同行评议法是科学界对科研项目申请、科研机构绩效、科研成果进行评估的一种基本方法。最早的同行评议源于对专利申请的受理，可以上溯到 1416 年威尼斯共和国实施专利制度时，由同一行业或邻近行业的从业者辅助判断的做法。随着近代科技活动的蓬勃展开，科技评估日益受到各国的重视，同行评议作为国际学术界通用的学术水准评估手段，为各国的科研机构尤其是大型科研机构所广泛采用，例如，作为一个美国的联邦机构，NIH 以基金的形式对医学研究进行指导和调控，吸引国际合作研究。为确保资金授予和管理过程中的廉政与透明，依据《公共卫生服务法》第 492 款和管理“科研基金申请和 R&D 合同提案的科学同行评议”的联邦条例，NIH 基金和合作协议的竞争性申请必须经过同行评议制度评估[23]。德国马普学会（MPG）是德国最重要的基础研究机构之一，在所有牵涉到机构调整、研究所变革和资源分配的决策过程中，MPG 的评估体系起着重要作用。无论是由专家团体实施的事先评估，还是科学顾问团展开的定期评估和领域评估，MPG 评估程序的核心是同行评议系统。MPG 吸引各领域内高水平的专家，这些

22 程际明. 科研项目评估中的同行评议方法研究[J]. 北京航空航天大学学报(社会科学版), 2005, 18(s1): 13-16

23 NIH overview[EB/OL]. https://nimhd.nih.gov/about/overview/ [2017-2-27]

专家独立于 MPG，因此并不占用学会的资源，所有专家主动向 MPG 提供几天的免费服务[24]。

3. 问卷调查法

（1）方法简介

问卷调查法也称为“书面调查法”或“填表法”。用书面形式间接搜集研究材料的一种调查手段。通过向调查者发出简明扼要的征询单（表），请示填写对有关问题的意见和建议来间接获得材料及信息的一种方法。问卷调查法最初由英国的高尔顿创立，他于 1882 年在英国伦敦设立人类学测验实验室，把需要调查的问题都印成问卷寄发出去收集资料。从此，人们探索社会现象的奥秘、认识社会现象的规律性增添了一种新的工具。时至今日，电子计算机技术的发展、社会统计指标的建立、多元统计分析方法的完善，也都使得问卷调查法相比以前在收集、整理资料上更快捷、更科学，为问卷调查法的广泛运用提供了必要的客观条件。问卷调查按照问卷填答者的不同，可分为自填式问卷调查和代填式问卷调查。其中，自填式问卷调查按照问卷传递方式的不同，可分为报刊问卷调查、邮政问卷调查和送发问卷调查；代填式问卷调查按照与被调查者交谈方式的不同，可分为访问问卷调查和电话问卷调查。这几种问卷调查方法的利弊，可简略概括如表 5 所示。

表 5　问卷调查的类型及特点

项目	自填式问卷调查			代填式问卷调查	
	报刊问卷	邮政问卷	送发问卷	访问问卷	电话问卷
调查范围	很广	较广	窄	较窄	可广可窄
调查对象	难控制和选择，代表性差	有一定控制和选择，但回复问卷的代表性难以估计	可控制和选择，但过于集中	可控制和选择，代表性较强	可控制和选择，代表性较强
影响回答的因素	无法了解、控制和判断	难以了解、控制和判断	有一定了解、控制和判断	便于了解、控制和判断	不太好了解、控制和判断
回复率	很低	较低	高	高	较高
回答质量	较高	较高	较低	不稳定	很不稳定
投入人力	较少	较少	较少	多	较多
调查费用	较低	较高	较低	高	较高
调查时间	较长	较长	短	较短	较短

（2）评估流程

a. 设计调查问卷

问卷一般由卷首语、问题与回答方式、编码和其他资料四部分组成。卷首语

24 Krull W. The Max Planck experience of evaluation[J]. Scientometrics, 1995, 34(3): 441-450

是问卷调查的自我介绍，内容应该包括：调查的目的、意义和主要内容；选择被调查者的途径和方法；对被调查者的希望和要求；填写问卷的说明；回复问卷的方式和时间；调查的匿名和保密原则；调查者的名称等。问题与回答方式是问卷的主要组成部分，一般包括调查询问的问题、回答问题的方式及对回答方式的指导和说明等。编码就是把问卷中询问的问题和被调查者的回答，全部转变成为A，B，C…或a，b，c…等代号和数字，以便运用电子计算机对调查问卷进行数据处理。其他资料包括问卷名称、被访问者的地址或单位（可以是编号）、访问员姓名、访问开始时间和结束时间、访问完成情况、审核员姓名和审核意见等，这些资料是对问卷进行审核和分析的重要依据。

其中，问题的设计是调查问卷的核心。其问题设计可以遵循以下四个原则：①客观性原则，即设计的问题必须符合客观实际情况；②必要性原则，即必须围绕调查课题和研究假设设计最必要的问题；③可能性原则，即必须符合被调查者回答问题的能力。凡是超越被调查者理解能力、记忆能力、计算能力、回答能力的问题，都不应该提出；④自愿性原则，即必须考虑被调查者是否自愿真实回答问题。凡被调查者不可能自愿真实回答的问题，都不应该正面提出。

b. 选择调查对象

科技评估的问卷一般专指性较高，需要调查人员对本专业领域有充分的了解，因此调查对象一般选择本领域较为熟悉的专家。同时，问卷调查在对象选择中还需注意对象的多元化。如所选择的调查专家来自不同的学术机构、不同的子领域、不同的学术经历会使调查结果更具有客观性。

c. 分发问卷

发放问卷主要有三种形式：当面分发问卷（调查对象集中在一起，当场分发问卷进行调查）、运用现代化手段分发问卷（如E-mail）、较为传统的问卷发放形式（邮寄）。

d. 回收和审查问卷

在问卷的回收部分，如果问卷是当面分发，可以当场回收，回收时要注意有没有填错或漏错的，如果有要及时请被调查者更正或补全。这种形式有助于提高问卷的回收率和准确率，对于小范围的调查十分适用。如果不是当场回收的话，就要到固定的回收处回收问卷。如果用E-mail，那就要及时查收邮件。

问卷的审查是问卷法的最后一个环节，同样十分重要。首先挑选出不符合要求的问卷，包括资料填写不全，题目理解错误等。要按问卷顺序制作登记表或数据表，然后给每份问卷编号，将每道题目所选答案的编号填入表格即可。对于开放式问卷，首先阅读答案，其次按回答者的内容进行归类，最后划分到不同的类别中去。

e. 问卷统计分析

对于拿到的问卷结果首先要进行初步筛选，对组内当天所做问卷进行逻辑审核，然后对各组问卷进行汇总并统计初步有效问卷数量，归档保存。对于问卷无效的部分，根据获得有效问卷的数量可以选择退回重新调查、视为缺失数据及放弃不用该问卷三种选择。

在初步筛选后，可对得到的调查结果进行数据编码，即将定性的数据转化为定量的数据，把整个问卷的信息转化为规范标准的数据，进而可以利用统计软件，采用统计分析方法进行定量分析。

随后将数据录入，如录入到 excel 中，主要考虑 excel 是录入人员较为熟悉，应用较为普遍，后期统计处理时数据格式转换也较为方便的方式，录入完毕后对录入数据进行核查。

最后对数据进行分类整理，可以采用直方图、饼图等对数据做简单处理，也可采用相关分析、回归分析、层次分析法等对数据进行深入分析。

获得科技评估的评估结果或项目报告。

（3）评估特点

问卷调查法的优点主要包括以下几点。

一是问卷调查法的最大优点是，它能突破时空限制，在广阔范围内对众多调查对象同时进行调查。

二是便于对调查结果进行定量研究。

三是匿名性。

四是节省人力、时间和经费。

然而，问卷调查法也存在一些缺点。首先，最突出的一点就是它只能获得书面的社会信息，而不能了解到生动、具体的社会情况。其次缺乏弹性，很难做深入的定性调查，问卷调查，特别是自填式问卷调查，调查者难以了解被调查者是认真填写还是随便敷衍，是自己填答还是请他人代劳；被调查者对问题不了解、对回答方式不清楚，无法得到指导和说明也是其缺点之一。填答问卷比较容易，有的被调查者任意打钩、画圈，或者是在从众心理驱使下按照社会主流意识填答，这都使得调查失去了真实性。回复率和有效率低，对无回答者的研究比较困难。

（4）应用情况

问卷调查是目前国际科技评估尤其是科技项目及科技政策评估中最常用的方法之一。例如，美国 NIH 制定的《NIH 政策手册》（*NIH Policy Manual*）中在对项目进行商业评估时，需进行问卷调查研究，该问卷名为“项目官员技术调查”（project officer technical questionnaire，POTQ），从而对项目的经济价值进行合理评估[25]。

25 NIH. NIH Policy Manual [M]. Manual Chapters. https://oma.od.nih.gov/DMS/Pages/Manual-Chapters.aspx. [2017-2-27]

4. 德尔菲法（Delphi 法）

（1）方法简介

当前，各级重大科技项目的专家评审模式，大多以同行评议法为基础，包括会议评审、答辩评审、网络评审和通信评审等。尽管同行评议法有科学、高效、公正等优点，是时下科技项目专家评审模式的主流选择，但也存在专家评审独立性不强、信息保密不严等不足。Delphi 法是 20 世纪 40 年代美国的兰德公司研制的一种直观预测方法，该方法属于专家集体评估法。它是由组织者就拟定的问题设计调查问卷，通过函件分别向选定的专家组成员征询调查，按照规定程序，专家组成员之间通过组织者的反馈材料匿名地交流意见，通过几轮征询和反馈，专家的意见逐渐集中，最后获得具有统计意义的专家集体判断结果。Delphi 法具有匿名性、信息反馈性和对结果进行统计分析三大特点，既可以用于预测，又可以用于评估。国内外经验表明，Delphi 法作为解决非结构化问题的有效手段，对于实现决策科学化、民主化具有重要价值。

（2）评估流程

a. 专家的选择

这是至关重要的一步，专家选得合适与否将直接影响到结果的准确性。德尔菲法的预测精度与参加人数呈函数关系，即一定范围内精度随专家人数的增加而提高[26]。一般情况下，征得专家本人的同意，选取本专业领域中既有实际工作经验又有较高理论水平的专家 10～30 人。在咨询专家的选择上，既要考虑专家的基本条件（如学历、职称、工作性质、专业等），又要兼顾本研究的具体情况。

b. 设计指标问卷

对评估领域的特点及内涵有了深刻的理解，再结合对国内外评估的指标体系和评估方法的研究，力求全面总结和概括评议领域的具体内涵。在项目评估中，将待定权数的指标和有关资料及统一的确定权数的规则发给选定的各位专家，请他们独立地给出各指标的权数值。

c. 利用专家咨询问卷进行咨询

回收结果并计算各指标权数的均值与标准差。将计算的结果及补充资料返还给各位专家，要求所有的专家在此基础上重新确定权数。例如，采用李克特量表将指标分为 5 个等级：很重要（5 分）、重要（4 分）、一般重要（3 分）、不太重要（2 分）、不重要（1 分），要求专家对指标的重要性进行量化打分，并以算术均值>3.5 和变异系数<0.2500 为筛选标准，结合专家的具体意见对指标框架及指标内涵进一步加以筛选和修正。

---

26 胡善联. 管理流行病学[M]. 北京：中国环境科学出版社, 1992: 348

d. 决定指标权重

重复上述步骤，直至各指标权数与其均值的离差不超过预先给定的标准为止，也就是各专家的意见基本趋于一致，以此时各指标权数的均值作为该指标的权数。

（3）评估特点

德尔菲法的优势主要包括以下几点。

一是信息保密度高。现有评审模式中，专家交流随意、评审结果易知等因素，都容易导致评审信息泄露。新形势下德尔菲法可以采用网络方式分散征询专家意见。评审机构对送交专家的电子评审资料进行过滤，在不影响评审的前提下，隐去姓名、单位等信息。此外，德尔菲法将项目最后评审结果交由评审机构汇总，不对专家显示。因此从过程和结果上，都体现了较高的信息保密度。

二是专家独立性强。现有评审模式中，专家直接交流，容易导致专家做项目评估时互相影响。特别是其中有学术地位高的专家存在时，极易产生“权威效应”。而应用德尔菲法进行专家评审时，专家只与评审机构联系，互不知晓且彼此不直接交流。因此，可以有效避免“权威效应”，从而保证专家评审独立客观。

三是结论明确。现有评审的模式中，专家互相交流达成的一致结论，在很大程度上是专家互相妥协的结果，而网络评审中专家虽然独立，但结论分散。德尔菲法通过“专家意见形成—统计反馈—意见调整”的循环过程，使分散的意见逐渐收敛，得到趋于一致的结论。

四是专家专业“细针对”。德尔菲法采用网络技术在线评审，可以突破地域限制，针对项目领域在全国遴选符合专业方向、水平更高的专家，从而提高项目评审的针对性和科学性。而且由于遴选范围的扩大，专家回避的标准也可提高，如将申报者学习和工作经历纳入回避内容，实现更高水平的回避。

五是过程注重反馈。反馈是指评审机构将专家意见发送给专家的过程，在现有的评审模式中是没有的，这也是德尔菲法的特色所在。德尔菲法通过多轮征询专家意见，在收集意见的基础上再反馈给各位专家，既有利于专家各抒己见，又能让专家了解不同的意见及其理由，有助于互相启迪，最大限度地发挥专家的智慧。

德尔菲法的劣势在于德尔菲法的核心是多轮征询。多轮征询必然带来评审时间的延长，从而导致评审时效性不强。过去信息技术尚不成熟，只能用信函的方式进行操作，导致征询过程漫长，这也是德尔菲法没有广泛应用的原因。因此，与同行评议法一两天就能给出具体结果的高效率相比，应用德尔菲法进行重大科技项目评审的时效性不强，是其最大短板[27]。

27 葛育祥. 重大科技项目专家评审中德尔菲法的适用性研究[J]. 科技情报开发与经济，2015，25(8): 109-111

（4）应用情况

目前，德尔菲法在实际的科技计划评估中应用较少，主要用于科技预测中。例如，受联邦研究和技术部委托，德国弗朗霍夫系统技术和技术革新研究所与日本科学和技术政策研究所合作，采用德尔菲研究方法，预测了 20 世纪末到 21 世纪初德国科学技术的发展。这次调查始于 1991 年 12 月，于 1993 年 5 月结束，历时一年半。1993 年 8 月，公开发表了《德国发展科学和技术德尔菲报告》。英国政府在 1993 年发布的《实现我们的潜能：科学、工程与技术战略》、2009 年的《数字英国》，以及 2004 年发布的《英国科学与创新投资框架（2004～2014）》等都运用了德尔菲调查法。

（二）定量评估方法

定量评估方法是通过把评估指标量化，并采用模型和数学统计方法对评估对象做出数量的价值判断的方法。定性评估不采用数学的方法，而是根据评估对象的平时表现、现实状态或文献资料的观察和分析，直接对评估对象做出定性结论的价值判断。虽然定量分析极大地发展了科技评估的科学性和系统性，但仍然存在着一定的不足。因此，在定量分析的基础上给出定性的评估对改进工作更有价值。

现今，国际上建立的定量评估方法有数十种之多，各有特点，根据其确定权重的方式，大致可分为两类：主观赋权评估法和客观赋权评估法。前者多采用综合咨询评分的定性方法，根据专业经验进行主观判断得到权数，如 AHP 分析法、模糊综合评估方法等；后者的数据来源于实际数据，根据指标之间的相互关系或各项指标的变异系数来确定权重，如主成因分析、因子分析法、DEA 法、灰色关联度评估方法等。

1. *层次分析法（AHP 分析法）*

（1）方法简介

AHP 分析法是一种定性和定量相结合、系统化和层次化的分析方法，能很好地评估多层次问题，将复杂、庞大的问题系统简化成明确的元素层级系统。它将评估的问题分解为不同的评估指标，并按这些指标之间的相互关联和隶属关系，将指标以不同层次进行聚集组合，形成一个多层次条理化的评估结构模型。相对比较常用的经验估值法和专家调查法，AHP 分析法通过对评估专家主观判断的数学处理，极大地避免了赋权中可能存在的失误，提高了指标赋权的准确性和科学性。

（2）评估流程

a. 构造层次结构模型

应用 AHP 分析决策问题时，首先要把问题条理化、层次化，构造出一个有层次的结构模型。在这个模型下，复杂问题被分解为元素的组成部分。这些元素又按其属性及关系形成若干层次。上一层次的元素作为准则对下一层次有关元素起支配作用。这些层次可以分为三类。

最高层：这一层次中只有一个元素，一般它是分析问题的预定目标或理想结果，因此也称为目标层。

中间层：这一层次中包含了为实现目标所涉及的中间环节，它可以由若干个层次组成，包括所需考虑的准则、子准则，因此也称为准则层。

最底层：这一层次包括了为实现目标可供选择的各种措施、决策方案等，因此也称为措施层或方案层。

递阶层次结构中的层次数与问题的复杂程度及需要分析的详尽程度有关，一般层次数不受限制。每一层次中各元素所支配的元素一般不要超过 9 个。这是因为支配的元素过多会给两两比较判断带来困难。

b. 构造判断矩阵

假设上一层元素 C_k 对下一层元素 A_1，A_2，…，A_n 有支配关系，如果问题复杂，A_1，A_2，…，A_n 对于 C_k 的重要性无法直接定量，则可由反映元素之间的相对重要性的判断矩阵求出。通过元素之间相对重要性的比较得到一个两两比较判断矩阵：

$$A=(a_{ij})_{n\times n}$$

矩阵 A 中的元素 a_{ij} 反映针对准则 C_k，元素 A_i 相对于元素 A_j 的重要程度。

通常采用 9 级标度法则为判断矩阵的元素赋值，表 6 列出了 1～9 标度的含义。

表 6　9 级标度法则及其含义

标度	含义
1	两个元素相比，具有同等重要性
3	两个元素相比，前者比后者稍微重要
5	两个元素相比，前者比后者明显重要
7	两个元素相比，前者比后者强烈重要
9	两个元素相比，前者比后者极端重要
2，4，6，8	表示上述相邻判断的中间值
倒数	若 i 因素与 j 因素重要性之比为 a_{ij}，则元素 j 与元素 i 的重要性之比 $a_{ji}=1/a_{ij}$

c. 层次排序

构造判断矩阵只是确定指标权重的第一步，在此基础上还需进行层次排序。层次排序分为单排序和总排序。通过单排序可根据判断矩阵计算针对某一准则下面各元素的相对权重，并进行一致性检验；通过总排序即可获得指标对目标层的权重。

i. 单排序

假设针对某一准则，各元素的权重向量为

$$W=(W_1, W_2, W_3, \cdots, W_n)^T$$

可以通过求解下列方程得到

$$A=\lambda_{\max}$$

式中，A 为判断矩阵，$\lambda_{\max}$ 为矩阵 A 的最大特征值，W 是相应的特征向量。

求出 W 后还要对其做归一化处理，最后得到权重向量。

通常在 AHP 法中计算判断矩阵的最大特征值与特征向量，并不需要高精度，可用下列近似法计算即可。

1）计算判断矩阵 A 每行所有元素的几何平均值

$$\bar{W}_1=\left(\prod_{j=1}^{n} a_{ij}\right)^{\frac{1}{n}} \quad (i=1, 2, \cdots, n)$$

得到 $\bar{W}=\left(\bar{W}_1, \bar{W}_2, \cdots, \bar{W}_n\right)^T$。

2）将 $\bar{W}_1$ 归一化

$$\bar{W}_1=\frac{\bar{W}_1}{\sum_{j=1}^{n} \bar{W}_1} \quad (i=1, 2, \cdots, n)$$

得到 $W=(W_1, W_2, W_3, \cdots, W_n)^T$ 即为所求特征向量的近似值，这也是各因素的相对权重。

3）计算判断矩阵的最大特征值

$$\lambda_{\max}=\sum_{i=1}^{n} \frac{(AW)_i}{nW_i}$$

式中，$(AW)_i$ 为向量 AW 的第 i 个元素。

若判断矩阵 A 的所有元素满足 $a_{ij} \cdot a_{ji}=a_{ik}$，则称 A 为一致性矩阵。因客观事物的复杂性和人们认识上的多样性，要求每一个判断矩阵都有完全一致性显然是不可能的，特别是因素多，规模大的问题更是如此。为了考察层次分析法得到的结果是否基本合理，需要对判断矩阵进行一致性检验。

1）计算一致性指标

$$\mathrm{CI}=\frac{\lambda_{\max}-n}{n-1}$$

式中，n 为判断矩阵 A 的阶数。

2）计算相对一致性指标

$$\mathrm{CR}=\frac{\mathrm{CI}}{\mathrm{RI}}$$

式中，RI 为平均随机一致性指标，是足够多个根据随机抽样产生的判断矩阵计算的平均随机一致性指标，1～10 阶矩阵的 RI 取值如表 7 所示。

表 7　平均随机一致性指标

矩阵阶数 n	1	2	3	4	5	6	7	8	9	10
RI	0	0	0.58	0.90	1.12	1.24	1.32	1.41	1.45	1.49

一般而言，CR 越小，判断矩阵的一致性越好，通常认为 CR≤0.1 时，判断矩阵具有满意的一致性。

ii. 总排序

总排序是在单排序的基础上确定各层次元素对最高层次目标的权重值，如果 C 层元素对总目标的权重记为 $W_j^{(1)}$ $(j=1,2,\cdots,m)$，下一层 P 层元素第 i 元素对上一层第 j 元素的单排结果记为 $W_{ij}^{(2)}$，则 P 层元素对总目标的权重值可按下式计算：

$$v_i^{(2)}=\sum_{j=1}^{k}W_j^{(1)}W_{ij}^{(2)}\quad (i=1,\ 2,\ \cdots,\ n)$$

（3）评估特点

层次分析法的优点包括以下几点。

一是系统性，将对象视作系统，按照分解、比较、判断、综合的思维方式进行决策。

二是实用性，定性与定量结合，能处理传统的优化方法不能解决的问题。

三是简洁性，计算简便，结果明确，便于决策者直接了解和掌握。

层次分析法的缺点包括以下几点。

一是不能为决策者提供新方案，层次分析法的作用是从备选方案中选择较优者。这个作用正好说明了层次分析法只能从原有方案中进行选取，而不能为决策者提供解决问题的新方案。

二是定量数据较少，定性成分多，不易令人信服。层次分析法是一种带有模拟人脑的决策方式的方法，因此必然带有较多的定性色彩。

三是指标过多时数据统计量大，且权重难以确定。指标的增加就意味着我们要构造层次更深、数量更多、规模更庞大的判断矩阵，那么我们就需要对许多的指标进行两两比较的工作。由于一般情况下我们对层次分析法的两两比较是用 1～9 标度来说明其相对重要性，如果有越来越多的指标，我们对每两个指标之间的重要程度的判断可能就出现困难了，甚至会对层次单排序和总排序的一致性产生影响，使一致性检验不能通过，也就是说，由于客观事物的复杂性或对事物认识的片面性，通过所构造的判断矩阵求出的特征向量（权值）不一定是合理的。

（4）应用情况

如今，AHP 分析法广泛应用于政策分析、发展战略规划、产业结构研究、科技成果评估和人才评测等领域，有丰富的使用经验和较多的研究成果。例如，1991 年，Boucher 和 MacStravic 将 AHP 模型用于技术投资决策的评估中[28]。S. Zimmer、M. Klumpp 和 H. Abidi 将 AHP 模型用于产业项目的评估汇总，在评估过程中综合考虑了有限的资源、成本及风险评估[29]。Kendrick，J. David 和 Saaty 等在综合考虑了经济、客户、运行及人力资源的情况下将 AHP 法用于科技项目的选择中[30]。

2. 模糊综合评估方法

（1）方法简介

模糊综合评估法属于定量分析的一种，主要借助模糊数学原理，建立科学、合理的指标体系和评估模型，定量地分析技术预见的实施效果。采用模糊评估理论，将评估者的分散信息处理成一个加权处理的权向量，在此基础上，对其采用单值化处理，得到被评者的综合值，实现被评者的排序优先。

（2）评估流程

a. 确定评估对象的因素集

$$X=\left(x_1, x_2, \cdots, x_n\right)$$

也就是 n 个评估集。

b. 确定评判集

$$V=\left(v_1, v_2, \cdots, v_m\right)$$

每个评判对应一模糊集，评判等级数一般在 3～7 取值，如果 m 过大，语言难以描述且不易判断等级归属，m 太小又不符合模糊综合评估的质量要求。具体的等级可以用适当的语言来描述，如评估技术竞争力时可取 V=（强，中，弱），评估经济效益时取 V=（好，较好，一般，较差，差）。

c. 建立模糊关系矩阵 R

评判等级模糊集确定后，从每个单因素角度确定待评对象对各等级模糊集的隶属度，进而构造模糊关系矩阵

28 Boucher TO, MacStravic EL. Multi-attribute evaluation within a present value framework and its relation to the analytic hierarchy process[J]. The Engineering Economist, 1991, 37(1): 1-32

29 Zimmer S, Klumpp M, Abidi H. Industry Project Evaluation with the Analytic Hierarchy Process[EB/OL]. https://www.researchgate.net/publication/267368532_Industry_Project_Evaluation_with_the_Analytic_Hierarchy_Process [2017-02-27]

30 Kendrick JD, Saaty D. Use Analytic Hierarchy Process for Project Selection [EB/OL]. http://decisionlens.com/assets/docs/WP_Analytic_Hierarchy_Process_Project_Selection.pdf [2017-02-27]

$$R=\begin{bmatrix} r_{11} & \cdots & r_{1m} \\ \vdots & \ddots & \vdots \\ r_{n1} & \cdots & r_{mn} \end{bmatrix}$$

矩阵 R 中的数据 r_{mn} 表示待评估对象从第 m 个属性考虑对第 n 个评判等级模糊集的隶属度。

d. 确定评估因素模糊权向量

通常情况下，m 个因素对评估目标的重要程度不一样，因此还要确定模糊权向量。

$$W=(w_1,w_2,\cdots,w_n)^T$$

e. 合成模糊综合评估结果向量

利用模糊合成算法将权向量 W 与模糊关系矩阵 R 合成得到待评对象的模糊综合评估结果向量 S。

f. 对模糊综合评估结果向量做合理解释

综合评估结果通常是待评对象的综合值，模糊综合评估的结果为模糊权向量，它包含了待评对象的更多的信息，可以从不同的侧面对评估结果做出解读。其中按综合分值对评估对象排序是最常见方法。若评判集对应的分值向量为

$$C=(c_1,c_2,\cdots,c_n)$$

则模糊评估综合分值为

$$Z=C\cdot S^T=\sum_{i=1}^{n}c_i s_i$$

若有多个待评对象，根据综合分值可以对评估对象进行排序。

（3）评估特点

模糊综合评估法的优点包括以下几点。

一是模糊评估通过精确的数字手段处理模糊的评估对象，能对蕴藏信息呈现模糊性的资料做出比较科学、合理、贴近实际的量化评估。

二是评估结果是一个矢量，而不是一个点值，包含的信息比较丰富，既可以比较准确地刻画被评估对象，又可以进一步加工，得到参考信息。

模糊综合评估法也有一定的缺陷。例如，计算复杂，对指标权重矢量的确定主观性较强；当指标集 U 较大，即指标集个数较大时，在权矢量和为 1 的条件约束下，相对隶属度权系数往往偏小，权矢量与模糊矩阵 R 不匹配，结果会出现超模糊现象，分辨率很差，无法区分谁的隶属度更高，甚至造成评判失败，此时可用分层模糊评估法加以改进。

（4）应用情况

目前在正式的科技政策及科技项目中，还未发现有明确使用模糊综合评估法

的例子，但相关的研究报道较多。例如，F. T. Dweiri 和 M. M. Kablan 采用模糊综合评估法评估了项目管理的内在效率，涉及的绩效指标包括项目成本、项目时间和项目质量，从而反映项目的实施情况[31]。S. Imoto、Y. Yabuuchi 和 J. Watada 通过模糊回归模型进行研发项目的评估。目前，约 70%的研发项目来自私人机构，因此，确定哪一个研究项目值得进一步开展就显得非常重要。该文在提交的研发项目基础上，综合了专家的建议，并通过模糊综合评估法对专家建议进行建模，从而获得可继续发展的项目样本[32]。

3. 数据包络分析法（DEA 评估法）

（1）方法简介

DEA 是 data envelopment analysis 的缩写，即数据包络分析。DEA 以相对效率概念为基础，以凸分析和线性规划为工具，可用于多目标决策问题。由于 DEA 不需要预先估计参数，在避免主观因素、简化运算及减少误差方面有着较大的优越性。在科技评估领域，DEA 评估法特别适用于具有多输入多输出的复杂系统的评估，因此选用 DEA 方法对科技项目的产出效率进行评估具有突出优势。

（2）评估流程

a. 明确评估目的

数据包络分析主要用于决策单元的效率评估，在应用前需要思考以下几点：哪些决策单元能够在一起评估？通过什么样的输入/输出指标体系进行评估？选择什么样的数据包络分析模型进行评估？

b. 选择决策单元

决策单元又称 DMU，可以通过两个方面着手来确定可行的决策单元：一是用 DMU 的物理背景或活动空间来判断，即 DMU 具有相同的外部环境、输入/输出指标和目标任务等；二是用 DMU 活动的时间间隔来构造。

c. 建立输入/输出指标体系

数据包络分析的评估指标需要考虑两个方面：一是输入指标；二是输出指标。①要考虑到能够实现评估目的。通常可将各决策单元的效用型指标作为系统的输出指标，将成本型指标作为系统的输入指标。②能全面反映评估目的。③要考虑到输入指标、输出指标之间的联系。

d. 搜集和整理数据资料

数据包络分析是一种实证分析方法，采用的分析软件为 DEAP，因此需要相应的数据资料。评估指标中可以包含人文、社会、心理等领域中的非结构化因素，

31 Dweiri FT, Kablan MM. Using fuzzy decisionmaking for the evaluation of the project management internal efficiency[J]. Decision Support Systems, 2006, 42(2): 712-726

32 Imoto S, Yabuuchi Y, Watada J. Fuzzy regression model of R&D project evaluation[J]. Applied Soft Computing, 2008, 8: 1266-1273

需要按可靠标准给以量化赋值，如分为若干级别，以数字表示。

e. DEA 模型的选择

1）是选用基于输入的 DEA 模型，还是选用基于输出的 DEA 模型，这主要看对输入/输出指标的可控性和可处理性。

2）由于具有非阿基米德无穷小的 DEA 模型在判定 DMU 是否为（弱）DEA 有效及将原来无效的 DMU“投影”到相对有效面上均有方便之处。

3）就有效性本身而言，RC2 模型是同时针对规模有效性和技术有效性而言的“总体”有效性，而 22GSC 模型只能评估技术有效性。此外，RC2 模型的生产可能集为闭凸锥，并且是建立在规模收益不变的假设下，而 22GSC 模型则反映了规模收益可变的情况下，对应的生产可能集仅为凸集。

4）如果生产可能集为凸集，输入/输出指标数目较多，特别是由于决策者对输入/输出指标之间的相对重要性有所规定（契约、限制、偏好），并要在评估中对此规定有所体现，选用具有锥结构的 WHC2 模型就比较适合了。

5）为了得到不同侧面的评估信息，在可能情况下，尽量选用不同类型的 DEA 模型同时进行分析，再把分析结果相互比较，使结果更全面、更深刻、更准确。

f. 评估工作的设计与表述

1）确定各 DMU 的 DEA 有效性。

2）了解各 DMU 的相对规模收益情况。

3）确定相对有效生产前沿面。

4）确定各 DMU 在有效生产前沿面上的“投影”。

5）分析各 DMU 的相对有效性与各输入/输出指标间的关系。

6）各 DMU 之间相对有效性的关系。

7）不同指标体系对各 DMU 相对有效性的影响。

8）其他。

（3）评估特点

数据包络分析的优点在于以决策单元（DMU）各输入/输出的权重向量为变量，从最有利于决策的角度进行评估，从而避免了人为因素确定各指标的权重而使得研究结果的客观性受到影响。这种方法采用数学规划模型，对所有决策单元的输出都“一视同仁”。这些输入/输出的价值设定与虚拟系数有关，有利于找出那些决策单元相对效益偏低的原因。该方法以经验数据为基础，逻辑上合理，故能够衡量决策单元由一定量大投入产生预期的输出能力，并且能够计算在非 DEA 有效的决策单元中，投入没有发挥作用的程度。最为重要的是应用该方法还有可能进一步估计某个决策单元达到相对有效时，其产出应该增加多少，输入可以减少多少等。

DEA 方法主要用来研究决策单元的多输入多输出的相对有效的绩效评估的

有用方法，因此使用这一方法时也存在一些缺陷。首先，它衡量的生产函数边界是确定的，因而它无法受随机因素和测量误差的影响；其次，该方法的绩效效率评估容易受到极值的影响，而且决策单元的效率值对输入/输出指标的选择比较敏感，这就使得如何准确地选取输入/输出指标成为有效使用 DEA 方法的关键；再次，由于被评估的决策单元都是从最有利于自己的角度分别求取权重，这就导致了这些权重随着决策单元的不同而可能不同，从而使得每个决策单元的特性缺乏有效的可比性；最后，根据 DEA 评估方法的特点只能判断各个决策单元是否 DEA 有效，而将所有决策单元分为有效和非有效两大类，因而使用该方法进行决策单元的绩效评估时，可能出现大量甚至全部的决策单元为有效的情形，因此传统的 DEA 方法不能对被评估的决策单元进行排序。

（4）应用情况

DEA 方法已经被广泛应用在社会生产和社会生活的各个领域，包括技术和生产力进步技术创新评估、多方案之间的相对有效性等方面。在科技评估中，DEA 分析法主要用于科技政策或科技项目的绩效评估中。例如，H. Eilat、B. Golany 和 A. Shtub 结合 DEA 及平衡记分牌法对研发项目进行了评估，该研究提供研发项目在不同时期多标准评估方法的应用，该方法综合了平衡记分牌法及 DEA 法，并最终建立了 DEA-BSC 模型，该研究还针对某个工业实验室近十年执行的科研项目进行了选择和分析[33]。S. M. Park 针对研发项目绩效评估建立了 DEA 模型，主要涉及标准化指数的研究。该研究分析了数据包络分析（DEA）效率分数和标准化指数之间的关系。该研究将模型用于研发项目效率的评估中，并以“韩国信息通信振兴基金研发贷款计划”的相关项目为例，进行了实证研究[34]。

4. 灰色关联度评估方法

（1）方法简介

灰色关联度评估方法是灰色关联度理论最常用的方法之一，其基本思想是根据序列曲线几何形状的相似程度来判断其联系是否紧密，曲线越接近，相应序列之间的关联度就越大，反之就越小。灰色关联度评估方法既可以用于因素间关联度的分析，又可以用来对多层次综合指标体系所描述的总体的优劣程度做出判断。财政投入科技计划项目的诸多特点正好符合灰色系统的适用范围，因而被研究人员广泛应用。一方面，科技活动的复杂和不可预测性，使得财政投入的资金在科技活动的流动过程中无法参照其他生产活动，将生产要素逐一分析出各自的作用效果，这就形成了“投入-产出”结构“灰箱”；另一方面，由于信息化时代的日

33 Eilat H, Golany B, Shtub A. R&D project evaluation: An integrated DEA and balanced score card approach[J]. Omega, 2008, 36(5): 895-912

34 Park SM. Empirical analysis of DEA models validity for R&D project performance evaluation: focusing on rank correlation with normalization index[J]. IE Interfaces, 2011, 24(4): 314-322

新月异及科研活动的创新性和多变性，在统计分析上过长的时间序列，其趋势分析优势基本丧失，因此 5 年左右的时间序列跨度较为合适，而灰色系统适用于这种时间序列跨度较短且数据波动的系统。

（2）评估流程

a. 确定分析序列

设用 p 个指标 x_1，x_2，…，x_p（不失一般性，设其均为正向指标），对 n 个样本进行评估。在对所研究问题定性分析的基础上，确定一个因变量因素和多个自变量因素。设因变量数据构成参考序列 X_0'，自变量数据构成比较序列 $X_i' = (i = 1, 2, \cdots, n)$，$n$+1 个数据序列形成如下矩阵：

$$(X_0', X_1', \cdots, X_n')^\tau = \begin{bmatrix} X_0'(1) & \cdots & X_0'(p) \\ \vdots & \ddots & \vdots \\ X_n'(1) & \cdots & X_n'(p) \end{bmatrix}$$

其中，$x_i' = [x_i'(1), x_i'(2), \cdots, x_i'(p)]$，（$i$=0, 1, 2, …, n），p 为评估指标的数量。

b. 对变量序列进行无量纲化

一般情况下，原始变量序列具有不同的量纲或数量级，为保证分析结果的可靠性，需要对变量序列进行无量纲化。常用的无量纲化方法有均值法、初值法。

计算公式分别为

$$x_i(k) = \frac{x_i'(k)}{\frac{1}{n}\sum_{i=1}^{n} x_i'(k)} \text{与} x_i(k) = \frac{x_i'(k)}{x_0'(k)} \quad (i=0, 1, \cdots, n; k=1, 2, \cdots, N)$$

无量纲化后各因素序列形成如下矩阵

$$(X_0, X_1, \cdots, X_n)^\tau = \begin{bmatrix} X_0(1) & \cdots & X_0(p) \\ \vdots & \ddots & \vdots \\ X_n(1) & \cdots & X_n(p) \end{bmatrix} \tag{1}$$

c. 求差序列、最大差和最小差

计算矩阵（1）中第一行（参考序列）与其余各行（比较序列）对应值的绝对差值，形成如下绝对差值矩阵

$$\begin{bmatrix} \Delta_{01}(1) & \cdots & \Delta_{01}(p) \\ \vdots & \ddots & \vdots \\ \Delta_{0n}(1) & \cdots & \Delta_{0n}(p) \end{bmatrix} \tag{2}$$

其中，$\Delta_{0i}(k) = |x_0(k) - x_i(k)|$, ($i$=1, 2, …, n; k=1, 2, …, p)。绝对差值矩阵中最大数和最小数即为最大差和最小差：

$$\max\{\varDelta_{0i}(k)\}^{\varDelta} = \varDelta(\max); \min\{\varDelta_{0i}(k)\}^{\varDelta} = \varDelta(\min)$$

d. 计算关联系数

对绝对差值矩阵中的数据做如下变换

$$\varsigma_{0i}(k) = \frac{\varDelta(\min) + \rho\varDelta(\max)}{\varDelta_{0i}(k) + \rho\varDelta(\max)}$$

得到关联系数矩阵为

$$\begin{bmatrix} \varsigma_{01}(1) & \cdots & \varsigma_{01}(p) \\ \vdots & \ddots & \vdots \\ \varsigma_{0n}(1) & \cdots & \varsigma_{0n}(p) \end{bmatrix} \tag{3}$$

式中分辨系数 ρ 在（0，1）内取值，一般情况下关联系数矩阵（3）中数据多在0.1～0.5取值，ρ 越小越能提高关联系数间的差异。关联系数 $\varsigma_{0i}(k)$ 是不超过1的正数，$\Delta_{0i}(k)$ 越小，$\varsigma_{0i}(k)$ 越大，它反映第 i 个比较序列 X_i 与参考序列 X_0 在第 k 项指标上的关联程度。

e. 计算关联度

比较序列 X_i 与参考序列 X_0 的关联程度是通过个 N 关联系数来反映的，加权后可得到 X_t 与 X_0 的关联度 $r_{0i} = \sum_{k=1}^{N} w_k \varsigma_{0i}(k)$，($i$=1, 2, …, n)，式中，w_k(k=1, 2, …, p)是指标 x_k(k=1, 2, …, p)的归一化权重。

f. 关联度排序

对各比较序列与参考序列的关联度排序，关联度越大，说明比较序列与参考序列变化的态势越一致。

（3）评估特点

灰色关联度评估方法的优点在于灰色关联分析是按发展趋势做分析，因此对样本量的多少没有过多的要求，也不需要典型的分布规律，而且计算量比较小，其结果与定性分析结果会比较吻合。因此，灰色关联分析是系统分析中比较简单、可靠的一种分析方法。灰色关联度评估方法能够处理信息部分明确、部分不明确的灰色系统，同时所需的数据量不是很大，且能处理相关性大的系统。

灰色关联度评估方法的应用也有一定的限制。灰色关联度评估方法要求需要对各项指标的最优值进行现行确定，主观性过强，同时部分指标最优值难以确定。定义时间变量几何曲线相似程度比较困难，同时考虑所选择的变量应该具备可比性。

（4）应用情况

灰色关联度法主要应用于科技计划绩效及科技项目投资决策的评估中，如台湾元培医事科技大学的吴政儒将灰色关联度法用于评估能源基金的项目评估中。该模型采用层次分析法确定权重，利用灰色关联度分析选择最优的基金项目，该研究可为投资者和学术机构提供参考[35]。

5. 加权平均法

（1）方法简介

加权评估法是绩效评估方法常用的手段之一。加权平均法是加权计算平均数的一种方法，加权算术平均数作为平均指标的一种，是在考虑总体中各种权重不同或者其数量标志值出现的次数、比重等权数不同的基础上，综合计算总体中各单位某一数量标志值的平均值，以反映该总体某一数量标志的代表水平或在某方面达到的一般水平。评估者对系统中的每两个元素，根据一定的判断条件排除先后次序，然后对每个元素进行加权计算，得出每个技术方案的指标，根据指标结果选择最优技术方案。

（2）评估流程

a. 对评估指标进行量化

首先，根据评估体系的实际情况确定影响评估结果的因素。其次，评估指标具有多因素性，当采用多指标评估时，每个因素评估结果可能互相矛盾；而且若采用单一评估指标，评估结果又不具有全面性和综合性，因此要对其进行权重分配，以便进行加权计算。

b. 选择分配方法

确定权重的方法有权重因子判断表法、专家直观判定法、层次分析法、排序法、德尔菲法等。其中，排序法突出列序差别，可以避免直接赋值而造成在权重数量上的争论，已被广泛应用于各类考核评估系统中。对于排序法，首先需要确定一个排序标准，对影响考核评估结果的因素进行降序或升序排列；其次给不同顺序的因素确定不同的分数；最后汇总计算，求出权重。

c. 计算权重公式

在实际考核评估过程中，评估指标的权重是每项评估指标的分值占总分值的比例，计算公式为

$$Q = P_m / \sum_{m=1}^{n} P_m$$

式中，P_m 代表第 m 项指标内容的分值；m 代表指标个数，m=1, 2, …, n。

d. 建立分析模型

将加权平均法应用于网上考核评估系统中，还需要对加权计算的方法和过程

35 吴政儒. Evaluation of the Energy Fund by Using AHPGRA Model [EB/OL]. http://ir.lib.ypu.edu.tw/ir/handle/310904600Q/8387 [2017-2-27]

进行模型化分析与处理，以达到电脑代替人脑，快速求出评估结果的目的。其基本模型如下

$$Q_j = \sum_{i=1}^{n} P_{ij} \times Q_{ij}$$

式中，P_{ij}代表第j级指标中每项指标内容的分值；Q_{ij}代表第j级指标中每项指标内容权重；i代表指标个数，i=1, 2, …, n。

e. 调度使用模型评估结果

通过计算模型的调度使用，可快速求出每级指标的加权平均得分和最终评估结果。

（3）评估特点

加权评估法计算简单，可以用来反映技术方案的某些特征，但是其缺点是由于元素之间的排序方式是由人为来决定的，带有一定的主观影响因素，同时加权计算过程中，需要对数据进行调整，可能会引起误差，所以说加权平均评估法适用于比较简单的绩效评估问题。

（4）应用情况

加权平均评估法属于传统的评估方法。随着科技评估方法研究的不断深入，该方法常常与其他方法结合使用，或逐渐被模糊综合评估法、灰色关联度法等方法取代，但仍然是评估中最常见的方法之一。Y. D. Kim 等使用加权评估法对韩国 4 个产业的中小企业研发绩效进行了评估，并制定了不同行业的研发绩效指标，包括机械、电子、材料和 IT 四个领域[36]。

6. 平衡记分卡法

（1）方法简介

平衡记分卡（balance scorecard，BSC）是由美国学者罗伯特·S·卡普兰（Robert. S. Kaplan）和大卫·P·诺顿（David P. Norton）提出的一整套用于经营业绩衡量与评估的财务及非财务指标体系。它不仅是一个指标评估系统，而且还是一个战略管理系统，旨在通过四套指标对绩效进行全面衡量。其优点是它既强调了绩效管理与组织战略之间的紧密关系，又提出了一套具体的指标框架体系[37]。

平衡记分卡从四个角度出发，弥补了传统财务指标的不足，能使组织在了解财务结果的同时，对自身发展能力的增强和无形资产管理方面的进展进行监督。BSC 考核角度来源于组织的战略目标和竞争需要，以组织的长期战略目标为中心，

36 Kim YD, Chung MK, Choi GH. Adaptive & weighted measures of industry-based R&D performance evaluation by surveys for SMEs in 4 selected industries in korea[J]. Applied Mechanics & Materials, 2012, 145: 379-383

37 Kaplan RS, Norton DP. Linking the balanced scorecard to strategy[J]. California Management Review, 1996, 30(1): 53-79

包括四部分内容（图 11）：①学习创新与成长性；②内部业务流程；③客户价值；④财务。BSC 从不同视角出发，代表了不同利益相关者的观点，是对劳动的四种形态的全面表述与衡量。BSC 的指标体系不但具有很强的操作指导意义，而且通过对这四个方面深层的内在关系的表述阐明了该体系的深层哲学含意[38]。

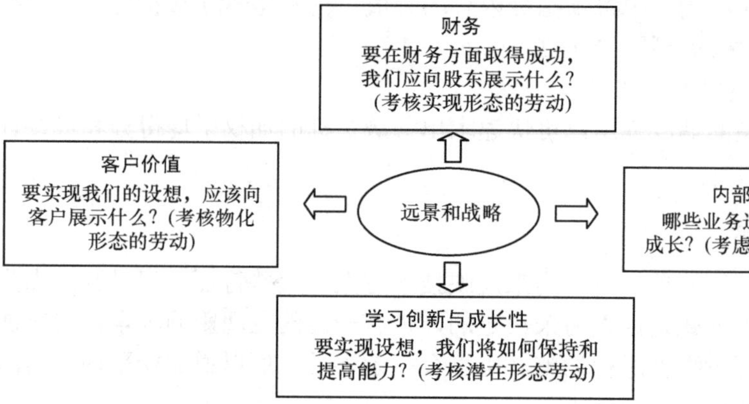

图 11　平衡记分卡方法要点

（2）评估流程

a. 战略目标的确定

b. 建立评估指标体系的原则与特点

建立评估指标体系的目的是用一种能够获得公众认可的价值标准来衡量和判断事物的价值与优点。因此，应该按照一定的原则来选择和组织它，使评估指标体系符合导向性、科学性、完备性、可行性。此外，需根据项目的特点涉及满足项目需求的筛选原则。

c. 建立评估指标体系

1）确定一级指标。根据评估的目的和要求，从平衡记分卡绩效考核体系出发，首先确定一、二级指标的名称和数量，即确定几个主要目标。

2）对指标进行定性分析。根据经验和评估条件对所列指标进行取舍，看所列指标能否反映评估目标的绩效，是否符合上述建立评估指标体系的原则。对于不符合要求的指标，修改其名称或内涵，直至初步确立评估指标体系框架。

在初步列出的指标中，一般都存在相互重叠、相互包含的指标，甚至是不能反映评估目标的指标。在不失完备性的前提下，可以对指标进行删除和合并。常用的处理方法有：删除影响甚微的指标，那些对评估绩效作用不大的指标或难以评估的指标，可以从指标体系中删除；合并同类指标，在所列指标中，如果它们

38 Kaplan RS, Norton DP. Transforming the balanced scorecard from performance measurement to strategic management: part 1[J]. Accounting Horizons, 2001a: 87-104

都反映社区卫生服务机构绩效同一方面的情况，设法将这些指标合并为一个或少数几个指标。

3）专家咨询确立指标。

i. 指标权重的确立：在得到目标层、准则层、子准则层、方案层确定的树状结构评估指标体系后，可利用层次分析法等方法确立指标权重。

ii. 运用指标体系进行数据搜集：根据确立的权重，通过问卷发放、数据采集等过程得到指标数据，并整理、归纳到财务层面、客户层面、流程层面、学习与成长层面四个层面中。

iii. 运用平衡记分卡的方法进行评估与分析：财务业绩指标可以显示企业的战略及其实施和执行是否对改善企业盈利做出贡献。财务目标通常与获利能力有关，其衡量指标有营业收入、资本报酬率、经济增加值等，也可能是销售额的迅速提高或创造现金流量。

在平衡记分卡的客户层面，管理者确立了其业务单位将竞争的客户和市场，以及业务单位在这些目标客户和市场中的衡量指标。客户层面指标通常包括客户满意度、客户保持率、客户获得率、客户盈利率，以及在目标市场中所占的份额。客户层面使业务单位的管理者能够阐明客户和市场战略，从而创造出出色的财务回报。

在内部经营流程层面上，管理者要确认组织擅长的关键的内部流程，这些流程帮助业务单位提供价值主张，以吸引和留住目标细分市场的客户，并满足股东对卓越财务回报的期望。

学习与成长层面确立了企业要创造长期的成长和改善就必须建立的基础框架，确立了未来成功的关键因素，如员工满意度、员工保持率、员工培训和技能等，以及这些指标的驱动因素。平衡记分卡的前三个层面一般会揭示企业的实际能力与实现突破性业绩所必需的能力之间的差距，为了弥补这个差距，企业必须投资于员工技术的再造、组织程序和日常工作的理顺，这些都是平衡记分卡学习与成长层面追求的目标。

（3）评估特点

a. 平衡记分卡的优点包括以下几个层面

强调了绩效管理与战略之间的紧密关系，又提出了一套具体的指标框架体系，使各组成部分努力的方向企业与国家的战略目标的实现联系起来。

符合财务评估和非财务评估并重的业绩评估体系的设置原则。传统的业绩评估系统主要是对财务评估指标的评估。在日益复杂动荡的环境下，单一的财务指标评估不能全面反映企业的实力。平衡记分卡为了弥补单一财务指标在客户、员工、供应商、业务程序、技术创新等方面的不足，增加了客户、内部运营、学习与成长三个层面的非财务指标，平衡计分卡很好地实现了财务指标与非财务指标的结合，在此基础上形成一套完整的指标体系。

能够避免组织、计划或企业的短期行为。财务评估指标往往以过去的信息为依据，无法评估企业未来成长的潜力。非财务评估指标能很好地衡量公司未来的财务业绩，如对顾客满意度的投资能够增加收入，培养顾客对企业或项目的忠诚度与参与度，吸引新的顾客，减少交易成本，从而提高绩效。平衡记分卡从战略目标和竞争需要的角度出发，实现了长期战略与短期行动有效结合。

b. 平衡记分卡的缺点包括以下几个层面

实施难度大：平衡记分卡的实施要求企业或组织有明确的战略；高层管理者具备分解和沟通战略的能力及意愿；中高层管理者具有指标创新的能力和意愿。因此必须先提高自己的管理水平，才能循序渐进地引进平衡记分卡。

指标体系的建立较困难：平衡记分卡对传统业绩评估体系的突破就在于它引进了非财务指标，克服了单一依靠财务指标评估的局限性。然而，确立非财务指标的标准及如何评估非财务指标比较困难，难以收集。

指标数量过多：指标数量过多，指标间的因果关系很难做到真实、明确。平衡记分卡涉及财务、客户、内部业务流程、学习与成长四套业绩评估指标，合适的指标数目是20～25个。其中，财务角度5个，客户角度5个，内部流程角度8～10个，学习与成长角度5个。如果指标之间不是呈完全正相关的关系，在评估最终结果的时候，应该选择哪个指标作为评估的依据；如果舍掉部分指标的话，是不是会导致业绩评估的不完整性。这些都是在应用平衡记分卡时要考虑的问题。

各指标权重的分配比较困难：要对业绩进行评估，就必然要综合考虑四个层面的因素，这就涉及一个权重分配问题。使问题复杂的是，不但要在不同层面之间分配权重，而且要在同一层面的不同指标之间分配权重。不同的层面及同一层面的不同指标分配的权重不同，将可能会导致不同的评估结果，这使权重分配带有主观色彩。

实施成本大：平衡记分卡要求评估从财务、客户、内部流程、学习与成长四个方面考虑战略目标的实施，并为每个方面制定详细而明确的目标和指标。在对战略的深刻理解外，需要消耗大量精力和时间把它分解到部门，并找出恰当的指标。此外，平衡记分卡的执行也是一个耗费资源的过程。一份典型的平衡记分卡需要3～6个月去执行，另外还需要几个月去调整结构，使其规范化，从而总的开发时间经常需要一年或更长的时间。

（4）应用情况

平衡记分卡在科技评估中往往是对经济评估的补充，从而弥补传统经济效益评估的局限性，如A. Asosheh等将DEA分析法与平衡记分卡法共同用于信息技术项目的评估中。信息技术管理中最重要的环节之一，是选择最佳的信息技术项目集合作为战略资源的配置决策。该方法可用于项目的决策中，将平衡记分卡法作为信息技术项目评估标准的整体框架，而将 DEA 法作为非参数法用于项目的排名中[39]。B. Bigliardi 针对研发项目的平衡记分卡进行研究，认为该方法的使用需与文献分析法、德尔菲法及案例研究相结合，并制定了研发活动的相关财务与非财务指标，从而建立最后的平衡记分模型。最后，将其用于某汽车制造公司的研发评估中[40]。

四、小　　结

综上，科技评估分为定性与定量两种方法，其中定性方法主要包括专家会议法、同行评议法、问卷调查法和德尔菲法。定量方法主要包括层次分析法、模糊综合评估法、数据包络分析法、灰色关联度评估法、加权平均法和平衡记分法。各种方法各有优劣，需根据评估对象挑选合适的方法进行科技评估（表 8）。目前，定性与定量方法相结合，不同定量方法的组合应用已成为该领域研究的大势所趋。

表 8　主要科技评估方法总结

类别	方法名称	基本原理	优势	缺点	使用场景
定性	专家会议法	据规定的原则选定专家，按照一定的方式组织专家会议，发挥专家集体的智能结构根效应	知识和信息量大，专家智能互补，结果全面合理	会议的效率受人员规模的限制，无法广泛采纳社会的意见，专家的权威性影响意见的倾向	国家科技政策、科技项目、科技计划全流程中的常见评估方法，评估以参会专家意见为主，美国阿波罗计划中应用该方法进行项目监管
	同行评议法	某一或若干领域的专家共同对某一科技政策及科技项目的实施进行评估的活动	权威，可靠	专家权威具有重大影响，不能完全实现匿名，评议人筛选困难	科研项目申请、科研机构绩效、科研成果、资金决策的基本评估方法，评估以领域内专家意见为主，美国 NIH 利用同行评议对科研基金申请与授予进行评估
	问卷调查法	用书面形式间接搜集研究材料的一种调查手段	突破时空限制，便于对调查结果进行定量研究，节省人力和经费	不能了解生动、具体的社会情况，难以保证问卷质量	科技项目与科技政策评估的常用方法，评估重在对广泛的对象进行调查，NIH 利用该方法对科技项目进行商业评估
	德尔菲法	由组织者就拟定的问题设计调查问卷，通过函件向选定的专家组成员征询调查，专家组成员之间通过组织者的反馈材料匿名地交流意见，通过几轮征询和反馈，最后获得具有统计意义的专家集体判断结果	信息保密度高，专家独立性强，结论明确，过程注重反馈	多轮征询必然带来评审时间的延长，从而导致评审时效性不强	主要用于科技预测，偶尔用于科技项目评估，评估以专家打分结果为主，德国弗朗霍夫系统技术和技术革新研究所利用该方法对德国科学技术的发展进行了预测

39 Asosheh A, Nalchigar S, Jamporazmey M. Information technology project evaluation: An integrated data envelopment analysis and balanced scorecard approach[J]. Expert Systems with Applications, 2010, 37(8): 5931-5938

40 Bigliardi B, Dormio AI. Abalanced scorecard approach for R&D: evidence from a case study. Facilities, 1983, 28(5/6): 278-289

续表

类别	方法名称	基本原理	优势	缺点	使用场景
定量	层次分析法	将评估的问题分解为不同的评估指标，并按这些指标之间的相互关联和隶属关系，将指标以不同层次进行聚集组合	系统性，实用性，简洁性	不能为决策提供新方案，定量数据较少、定性成分多，指标过多时数据统计量大，权重难以确定	主要用于政策分析、发展战略规划、产业结构研究、科技成果评估和人才评测等领域，评估以指标模型的计算结果为主，应用主要停留在文献研究阶段
	模糊综合评估法	借助模糊数学原理，建立科学、合理的指标体系和评估模型，定量地分析技术预见的实施效果	结果科学、合理，信息丰富	计算复杂	主要用于科技项目的绩效评估，评估以指标模型的计算结果为主，应用主要停留在文献研究阶段
	数据包络法	以相对效率概念为基础，以凸分析和线性规划为工具，可用于多目标决策问题	从最有利于决策的角度进行评估，避免人为因素	无法受随机因素和测量误差的影响，容易受到极值的影响	主要用于科技政策或科技项目的绩效评估，评估以指标模型的计算结果为主，应用主要停留在文献研究阶段
	灰色关联度评估法	根据序列曲线几何形状的相似程度判断其联系是否紧密，曲线越接近，相应序列之间的关联度就越大，反之就越小	对样本量的多少没有过多的要求，不需要典型的分布规律，计算量比较小	主观性过强，部分指标最优值难以确定	主要用于科技计划绩效及科技项目投资决策的评估中，评估以指标模型的计算结果为主，相关应用主要停留在文献研究阶段
	加权平均法	考虑总体中各权重不同或者其数量标志值出现的次数、比重等权数不同的基础上，综合计算总体中各单位某一数量标志值的平均值，反映该总体某一数量标志的代表水平或在某方面达到的一般水平	计算简单，可以用来反映技术方案的某些特征	一定的主观影响因素，会引入一定的误差	属于传统的评估方法，主要与其他方法如层次分析法、德尔菲法等结合使用，从而确立权重，建立模型
	平衡计分法	以组织的长期战略目标为中心，包括四部分内容：学习创新与成长性；内部业务流程；客户价值；财务	强调了绩效管理与战略之间的紧密关系，符合财务评估和非财务评估并重的业绩评估体系的设置原则，能够避免组织、计划或企业的短期行为	非财务指标的标准及如何评估非财务指标比较困难，指标数量过多，指标间的因果关系很难做到真实、明确，各指标权重的分配比较困难，实施成本大	主要应用于科技评估的经济评估，可与层次分析法、德尔菲法等相结合制定研发活动的相关财务与非财务指标，从而确立研发活动的经济价值，相关应用主要停留在文献研究阶段

第六章　科技评估指标

王立伟　王恒哲　王　跃

（中国科学院上海生命科学信息中心）

在定量评估方法下，评估指标体系的构建是重要步骤之一。科技评估指标可以分为条件指标、投入指标和产出指标三大类[41]。条件指标一般包括政治素质、学历、外语水平、计算机水平等内容，由于条件指标的高低与一个人能力的高低、产出的质量和数量具有较高的相关性，在社会科技资源稀缺的状态下，这类指标又被称为导向指标。投入指标一般包括人员的多少、职称的高低、经费的多少和课题的质量，这些均属于有形指标；而拼搏精神、协作精神、攻关意志和无私奉献则属于无形指标。产出指标一般包括理论成果、技术成果和具体的社会财富，是条件指标和投入指标的结晶。在指标的设置上，产出是硬道理，卖出和被应用更是硬道理。只有条件指标和投入指标，而缺少有效的产出指标；或只有数量的产出，而缺乏理论的社会承认和技术的实际出售应用，都是片面的。只有投入而没有产出，只有产出而没有卖出的科技劳动都是无效劳动，都是与两个面向的科技仿真相背离的。因此，科技评估指标的设置，不仅关系到对科技劳动产品价值的正确认识，还关系到对科学共同体及其成员的正确评估和论功行赏，长此以往还会影响到科技资源的分配、科研价值的去向和科学精神的弘扬。

目前在科技评估中，一般都不用单个指标作为评估标准，多个指标的综合评估体系是当今科技评估的主流。指标体系是指一组能够揭示和反映科技项目水平的一系列指标，指标体系评估方法是进行科技评估的一种主要方法。同行评议是该评估法的基础，通过给同行专家提供一个可以参照的标准，使同行专家能够按照统一的标准对项目做出客观评估。指标体系评估法一般都采用定量的评估方法，通过量化的手段来增加评估的客观性，来处理各指标之间的关系，并给出最终的分数。指标体系评估方法是目前最为常用的科技评估方法，主要包括设立评估指标体系、确定权重系数、给出评估结果计算方法和公式等[42]。

一、指标体系构建原则

指标体系的构建过程是一个对评估对象总体数量特征的认识逐步深化、逐步

41 丁福虎. 科技评价指标设置的误区[J]. 科学管理研究, 2002, 20(3): 38-41

42 钟江帆. 科技评价指标体系初探[J]. 科技展望, 2015, (18): 263

求精与完善的过程，科学与适用的指标体系是做好评估工作的基础。技术创新评估指标体系的设置就是为了建立一个技术创新评估系统，从多个视觉和层次反映技术创新状况，作为考核技术创新水平及质量的标准和尺度，实现对某一企业和地区技术创新状况的综合评估，最终为评估和管理决策服务。目前国外代表性的科技指标体系主要有经济合作与发展组织（OECD）[43]、瑞士洛桑国际管理研究院（IMD）[44]、世界银行（World Bank）[45]等建立的科技评估指标体系。

如何制定科学、系统、全面的评估指标体系，是技术创新综合评估首先要解决的问题，而仅采用一个单项指标或某几个指标对地区技术创新能力进行评估具有一定的片面性和主观性。为了保证科技评估的科学性和公正性，科技评估指标体系的设计需要遵循以下三个基本原则。

（一）目的性原则

评估指标体系必须针对评估任务的需求，由根据评估对象的基本材料归纳综合出一系列能够客观性描述评估对象的本质特征、结构及其构成要素的指标所组成，并为评估活动的目的服务。指标体系应该能够支撑评估目的，为评估结果的判定提供依据。目的性原则是设计指标体系的出发点和根本，衡量指标体系是否合理有效的一个重要标准，是看它是否满足了评估目的。

（二）科学性原则

科学性原则是指标应该尽可能客观地反映和描述被评估事物或系统活动的全过程与活动规律，正确揭示评估对象的本质特征。评估指标的设计要揭示评估对象自身的特点、性质，要求主观实际与客观现实的统一，这就是科学性原则。因此，设计区域科技创新绩效评估指标时要考虑评估指标各元素及指标结构整体的合理性，从不同侧面设计反映整体功能的指标，并且指标要有较好的可靠性、独立性、代表性、统计性。为此要注意定量指标与定性指标相结合，指标间要避免明显包含关系，要选择有可靠的数据来源并且容易取得的指标。建立区域科技创新绩效评估指标体系时，各项指标必须有机配合形成体系，相互之间既不重复，又无矛盾；同时，指标的计算和评估方法必须科学，要有一定的依据。整个指标体系的建立，要在不断实践的基础上逐步充实提高，最后通过一定形式，形成正式文件，逐步增强指标体系的科学性。

指标体系的科学性是确保评估结果合理准确的基础，一项评估活动是否科学

43 OECD. The Measurement of Scientific and Technical Activities[M]. Paris: OECD Publishing, 1994: 13-61

44 IMD. IMD World Competitiveness Yearbook 2007[M]. Lausanne: IMD Press, 2007: 256-257

45 World Bank. World Development Indicators[M]. Washington D.C.: World Bank Press, 2008: 308-316

在很大程度上依赖其指标、评估标准和评估方法是否科学。指标体系的科学性主要包括以下四个方面。

1）特征性：评估指标应从评估对象的基本资料中归纳，并能够反映出评估对象的基本特征。

2）准确性：指标的概念要准确，涵义要明晰，尽可能避免和减少主观臆断，指标体系的层次和结构应合理，同时各指标之间应协调统一。

3）完整性：指标体系应围绕评估目的，全面完整地反映评估对象，不能遗漏重要方面，同时又要做到重点突出。评估要尽可能全面、完整，指标体系应当力求全面、客观，能够反映评估对象的整体情况。设计指标体系时，一方面要注意分析整体的内部要素即每个构成部分，不遗漏任何影响要素，力求全面反映环境建设整体的功能；另一方面由于指标体系的整体评估功能应大于各分指标的简单总和，所以在力求全面的同时注意指标体系的精炼有效性。

4）独立性：指标体系中各指标之间不应有很强的相关性，不应出现过多的信息包容、涵盖而使指标内涵重叠，无谓的增加工作量，同时又造成资料浪费。

（三）可操作性原则

指标体系的可操作性是确保评估效果的重要基础。指标体系的设计应考虑到现实的可能性，指标体系应适用于评估的方式方法，适用于指标适用者对指标的接受程度和判断能力，适用于评估的信息基础。具体讲，可分为以下几个方面。

1）指标数量繁简得当：指标是对原始信息的提炼和概括，指标不宜过于烦琐，个数不宜过多，以避免过多过细未能把握评估对象本质而影响评估的准确性，同时，指标的精炼可减少评估的时间和成本，使评估活动更易于操作。

2）指标信息易采集：评估指标体系中的指标信息应具有可采集性，各项指标能够有效测度或统计，专家通过审阅评估对象的基本资料即可采集到指标信息并给出评估。

3）指标稳定一致：在满足评估目的的前提下，应尽量选用相对成熟和为大家所熟知的指标，便于评估工作所涉及的各方面人员理解，以保证评估结果的准确性、客观性和认可度。

4）指标设置易于理解：评估指标应尽量选择信息量大、简明易懂、易于操作的指标。每个评估指标的内涵与外延界定必须清晰，不能含糊不清，模棱两可，也不能重复其他指标的内容。构建的指标体系应简单易用、切实可行。

5）指标具有可比性：评估指标体系中每个指标的涵义、统计口径、时间、地点和适用范围要明确，以确保评估结果能够进行横向和纵向比较，而且要满足时间和空间上的动态可比性。

6）定性分析与定量分析相结合的原则：在选择指标时，尽可能使用规范化的定量指标，为采用定量评估方法奠定基础。对于确实无法量化而又非常重要的方面可以采用定性指标的形式纳入描述指标体系。为保证获取数据的可靠性，要最大限度利用和开发现有统计系统发布的统计数据，注意量化的可操作性，使评估建立在公开、公正、公平的基础之上，保证评估结果的可信度。

二、指 标 类 型

（一）条件指标

条件指标一般包括政治素质、学历、外语水平、计算机水平等内容，由于条件指标的高低与一个人能力的高低、产出的质量和数量具有较高的相关性，在社会科技资源稀缺的状态下，这类指标又被称为导向指标。

1. 创新资源特征指标

（1）人力资源指标

创新人力资源是指从事创新活动的人员，是区域中创造、理解和运用知识创造价值的创新人才，包括直接从事创新活动的人员和服务创新活动的辅助人员。创新主体开展创新活动需要创新人才的支持，创新型区域建设离不开创新人才集聚。考核区域创新人力资源丰裕程度，需要分析其规模和质量。通过对现有区域创新文献进行系统分析可知，通常可用每万人中大学及以上学历毕业生数量反映区域创新人力资源规模，用每万人中科学家与工程师人数反映创新人力资源质量。

（2）财力资源指标

创新财力资源是指区域中可用于创新活动的各种经费投入，其主要来源为政府拨款、企业或研究机构自筹资金、银行贷款和风险投资及其他渠道。在创新型区域建设过程中，区域创新投入是区域创新活动有效开展的重要保障。通常衡量区域创新财力投入水平的典型特征指标有：全社会 R&D 投入占 GDP 比重、人均 R&D 投入、科技三项经费占政府财政支出比重。

（3）物力资源特征指标

创新物力资源是指从事创新活动所需的各类科研仪器和设备、各类科研机构、企业技术开发中心、中试基地、科技服务机构等。创新物力资源反映区域开展创新活动的基础设施条件，是区域各类科技活动的物质基础。通常衡量区域创新物力资源的特征指标包括：拥有研究开发机构的大中型企业占比、社会研究开发机构数、国家级工程中心数。

（4）知识资源特征指标

创新知识资源是指创新活动所需的各种科技文献、期刊、专利、数据库，以及以图书、报纸、光盘、胶片等各种载体形式出现的科技、技术信息。在某种程度上，创新是投入知识生产新知识的活动过程，因此，创新知识资源是区域创新活动的知识基础。丰富的创新知识资源保证了区域创新活动所需的知识投入，同时，区域创新活动又进一步丰富了创新知识资源。创新知识资源既是创新活动的投入物，也可作为创新活动成果，具有双重属性。衡量区域创新知识资源既要反映知识丰富程度，又要反映知识水平高低。描述区域知识资源的特征指标包括：每万人拥有专利授权量、发明专利占区域专利授权量比重、企业专利占区域专利授权量比重、每万人拥有三大系统收录的科技论文数。

2. 创新能力特征指标

创新能力是指政府、企业、研究机构等创新主体利用创新资源开展创新活动的能力，是企业创新能力、研究机构创新能力、政府创新能力的综合体现。从创新表现形式来看，创新能力表现为知识创新能力、技术创新能力、新技术产业化能力、制度创新能力及创新管理能力。知识创新能力包括创造、传播和应用知识的能力，以及结合、转化和扩散知识资源的能力等。技术创新能力表现为以生产应用为目的而产生的研究、开发成果等，它反映了创新主体利用现有生产技术创造发明并转化为经济效益的能力。新技术产业化能力是指新技术在产业中扩散或形成新产业形态的能力。制度创新能力表现为对不适应甚至阻碍区域发展的相关法规、法律、体制、制度的改变，并制定有利于区域经济社会协调发展的政策措施。创新管理能力主要从创新战略和创新机制两个方面反映。创新战略不抽象，它落实到具体的活动上。例如，表现在创新资源的配置上、收集与分析信息上和创新方式的选择上等。但是，这些具体活动都不能像上面衡量创新资源投入能力时那样找到可以准确计量的指标。因此，创新战略只能用经验数据。创新机制在测度上也面临同样的问题，只能用经验数据去测度，而经验数据由问卷调查获取。

3. 创新环境特征指标

创新主体的创新活动总是在特定环境条件下进行的，创新环境质量对创新活动具有促进或制约作用，良好的创新环境有利于激发创新主体的创新热情与积极性。具体而言，创新环境特征指标包括：经济环境、文化环境、教育环境、政治法律环境、金融环境、交通通信环境、社会中介服务环境等。

（二）投入指标

投入指标一般包括人员的多少、职称的高低、经费的多少和课题的质量，这些均属于有形指标；而拼搏精神、协作精神、攻关意志和无私奉献则属于无形指标。

1. 总量指标

科技经费投入总额：指在科学技术领域，为增加知识总量，以及运用这些知识去创造新的应用进行的系统的创造性的活动，包括基础研究、应用研究、试验发展三类活动所投入的经费总额。

科技人员投入总数：指直接从事科技活动，以及专门从事科技活动管理和为科技活动提供直接服务，累计的实际工作时间占全年制度工作时间10%及以上的人员总数。该指标用来反映投入科技活动的人力规模。

直接从事科技活动的人员包括：在独立核算的科学研究与技术开发机构、高等学校、各类企业及其他事业单位内设的研究室、实验室、技术开发中心及中试车间（基地）等机构中从事科技活动的研究人员、工程技术人员、技术工人及其他人员；虽不在上述机构工作，但编入科技活动项目（课题）组的人员；科技信息与文献机构中的专业技术人员；从事论文设计的研究生等。

专门从事科技活动管理和为科技活动提供直接服务的人员，包括：独立核算的科学研究与技术开发机构、科技信息与文献机构、高等学校、各类企业及其他事业单位主管科技工作的负责人，专门从事科技活动的计划、行政、人事、财务、物资供应、设备维护、图书资料管理等工作的各类人员，但不包括保卫、医疗保健人员、司机、食堂人员、茶炉工、水暖工、清洁工等为科技活动提供间接服务的人员。

R&D人员投入总数：指参与研究与试验发展项目研究、管理和辅助工作的人员，包括项目（课题）组人员，企业科技行政管理人员和直接为项目（课题）活动提供服务的辅助人员总数。该指标用来反映投入从事拥有自主知识产权的研究开发活动的人力规模。

R&D的科学家、工程师总人数：指科技活动人员中具有高、中级技术职称（职务）的人员和不具有高、中级技术职称（职务）的大学本科及以上学历人员总数。该指标用来反映投入科技活动人力的素质。该指标值越大，表明科技活动人力的素质越高；反之，科技活动人力的素质越低。

2. 强度指标

R&D投入强度：指R&D经费占销售收入的比重。该指标反映了科技实力及核心竞争力。

非R&D投入强度：指技术引进和技术改造经费占销售收入的比重。

R&D人员人均科技经费：指参与研究与试验发展项目研究、管理和辅助工作的人员，包括项目（课题）组人员，企业科技行政管理人员和直接为项目（课题）

活动提供服务的辅助人员的人均科技经费。

R&D 人员素质—数量强度：该强度指标与一般指标不同，它用素质对数量进行加权来计算 R&D 人员数量，故称为素质—数量强度。

R&D 的科学家、工程师占 R&D 总人数的比重：指科技活动人员中具有高、中级技术职称（职务）的人员和不具有高、中级技术职称（职务）的大学本科及以上学历人员总数占直接从事科技活动，以及专门从事科技活动管理和为科技活动提供直接服务，累计的实际工作时间占全年制度工作时间 10%及以上的人员总数的比重。

（三）产出指标

1. 论文指标

论文数量（web of science documents）：一段时间内被 Web of Science 数据库收录的论文数量。

总被引频次（times cited）：一段时间内被 Web of Science 数据库收录论文的总被引频次。

篇均被引频次[cites per document（impact）]：平均每篇论文的被引频次。

被引用率（% documents cited）：在一组论文中，被引用 1 次及以上的论文占该组论文总数的百分比。

相对影响力（impact relative to world）：某国家/地区（或机构）发表论文的篇均被引频次与全球总体论文篇均被引频次的比值。该值大于 1，即表明该组论文的篇均被引频次高于全球平均水平；小于 1，则低于全球平均水平。

相对于所属学科领域的影响力（impact relative to subject area）：某国家/地区（或机构）在某学科领域发表论文的篇均被引频次与全球相应学科领域篇均被引频次的比值。该值大于 1，即表明该组论文的篇均被引频次高于其所属学科领域的全球平均水平；小于 1，则反之。

相对于所属机构的影响力（impact relative to institution）：某机构在某学科领域内发表论文的篇均被引频次与该机构总体论文篇均被引频次的比值。该值大于 1，即表明该组论文的篇均被引频次高于其所属机构的平均水平；小于 1，则反之。

相对于所属国家/地区的影响力（impact relative to country/territory）：某国家/地区在某学科领域内发表论文的篇均被引频次与国家/地区总体论文篇均被引频次的比值。该值大于 1，即表明该组论文的篇均被引频次高于国家/地区的平均水平；小于 1，则反之。

占全球论文总数百分比（%documents in world）：某国家/地区（或机构）发表论文数占全球发表论文总数的百分比。

占所属学科领域论文总数的百分比（%documents in subject area）：某国家/地

区（或机构）在某学科领域内发表论文数占全球相应学科领域论文总数的百分比。

占所属机构论文总数的百分比（%documents in institution）：某机构在某学科领域内发表论文数占所属机构发表论文总数的百分比。

占所属国家/地区的百分比（%documents in country/territory）：某国家/地区在某学科领域内发表论文数占国家/地区发表论文总数的百分比。

相对被引用率（%documents cited relative to world）：某国家/地区（或机构）发表论文的被引用率与全球总体论文被引用率的比值。

相对于所属学科领域的被引用率（%documents cited relative to subject area）：某国家/地区（或机构）在某学科领域内发表论文的被引用率与全球相应学科领域总体论文的被引用率的比值。

相对于所属机构的被引用率（%documents cited relative to institution）：某机构在某学科领域内发表论文的被引用率与所属机构总体论文的被引用率的比值。

相对于所属国家/地区的被引用率（%documents cited relative to country/territory）：某国家/地区在某学科领域内发表论文的被引用率与该国家/地区总体论文的被引用率的比值。

综合绩效指标（aggregate performance indicator）：某国家/地区（或机构）的实际被引频次与期望被引频次的比值。该指标对不同学科领域和不同年份发表的论文均进行了归一化处理，如果比值大于 1，即表明该国家/地区（或机构）的综合影响力高于全球平均水平；小于 1，则反之。指标的计算方法如下：

$$\frac{c_i}{\sum_f \sum_t P_{ift} \frac{c_{ft}}{P_{ft}}} = \frac{\sum_f \sum_t c_{ift}}{\sum_f \sum_t P_{ift} \frac{c_{ft}}{P_{ft}}} = \frac{\text{sum of actual cite seach field and each year}}{\text{sum of expected cite seach field and each year}}$$

式中，C_i是某机构 i（或国家/地区）的总被引频次；c_{ift}是机构 i 在学科领域 f 和 t 年内发表论文的总被引频次；P_{ift}是机构 i 在学科领域 f 和 t 年内发表的论文数；$\frac{c_{ft}}{P_{ft}}$是全球在学科领域 f 和 t 年内发表论文的篇均被引频次（即基线）。

2. 专利指标

专利指标是度量专利信息的重要参考，是直接观察或衡量专利质量与价值、机构或区域技术竞争力、创新力的捷径。专利指标分析是一种定量分析，即通过对专利文献的外部特征（专利文献的各种著录项目）和内容按照一定的指标（如专利数量等）进行统计，并对有关的数据进行解释和分析的过程。专利指标分析可以直接基于某个专利指标的分析，也可以通过多个专利指标组合进行分析。

国内外的专利指标有很多，其中影响较大的包括经济合作及发展组织（OECD）提出的国家科技水平评估的专利指标、CHI Research 公司提出评估企业技术能力和无形资产价值的专利指标、Ernst 等学者提出的评估公司研发与产出能力的专利指标等。

目前，在专利指标的分类方面尚缺乏统一的标准，不同学者从各种角度对专利指标进行了划分。例如，肖国华等根据指标反映数据性质的不同，将专利指标划分为数量类指标、质量类指标、价值类指标；高继平等从适用性的角度将其划分为宏观、中观和微观三个层次；阮明淑等将专利指标区分为专利一般特性指标、专利引用指标与专利技术指标；李清海等根据专利价值指标反映的内容将其划分为专业性指标和综合性指标；李春燕等将专利质量指标分为引用指标、科学指标、内容指标、国际指标、时间指标等。

（1）数量类指标

数量类指标主要是针对数量的统计及其比值计算，包括专利数量、专利族大小、发明人/申请人数量、权利要求数量、技术覆盖范围、专利密度指数、专利成长率、技术生长率、技术成熟系数、技术衰老系数、专利占有率、技术重心指数、活动性指数、专利垄断指标、专利自实施率、专利转移率、专利异议率等“量”和“率”指标。

指标名称：专利数量

指标介绍：专利数量（number of patents，NOP）包括专利申请量、专利授权量、无效专利量等，还可以根据专利类型进一步细分为发明专利量、实用新型专利量等。

分析功能：该指标可以反映国家、地区、行业、领域、组织、机构、个人等不同层面、不同主体的专利产出情况。该指标用于评估该公司/机构/国家等从事技术活动的程度。专利数量较多者，可能有较多创新的技术，因此也较具竞争力。其中授权量和无效量的指标还可以反映专利质量情况。

指标名称：专利族大小

指标介绍：专利族大小（patent family size）是指一项发明在不同国家获取专利或提交专利申请的数量，或申请人对同一个发明寻求专利保护的国家数量。

分析功能：专利族大小可以同时反映专利价值和专利质量。因为随着寻求保护国家数量的增加，专利成本急剧增加，申请人更愿意为具有价值的发明这样做。而向他国申请专利，意味着申请人判断该发明可能具有国际竞争力，如果最终被多国授予专利权，也说明该发明经得起多方考验，技术质量较高。

类似指标：三方专利量（在美国、欧洲和日本都申请的专利数量，普遍具有较高的价值）、PCT 专利申请量（国际申请专利数量，在一定程度上反映了申请专利所含技术的重要性和申请人抢占国际市场的迫切愿望，是衡量自主创新能力和国际市场竞争力的指标）。

指标名称：发明人/申请人数量

分析功能：发明人数量（number of inventors）反映了技术发明的复杂程度和创新水平。发明人数量越多，可贡献的科学知识越多，创造能力越强，凝结在发明中的创新越多，专利的技术质量越高；申请人数量（number of applicants）反映了专利价值。申请人数量越多，说明投入专利研究和开发的资金越多（因为申请人大多是投资研发的企业）。

指标名称：权利要求数量

指标介绍：权利要求数量（number of claims）：专利文件权利要求项的数量。权利要求数量包括独立权利要求数量和从属权利要求数量。

分析功能：权利要求数量可以在一定程度上反映专利的保护“范围”或“宽度”。一般而言，权利要求数量越多，专利的保护范围越大，说明专利的原创性越高，专利质量越高。但是，为了获得宽泛的保护范围，发明人和申请人倾向于撰写尽可能多的权利要求。统计结果表明，近年来申请人提交的专利申请书中权利要求数量越来越多。为了避免数量膨胀带来的偏差，使用权利要求数量指标时应尽量对比相同授权年代的专利，或采用“固定效果法”将其转换为相对数，同时还可以消除技术领域的影响（不同技术领域专利的权利要求数量差异也很大）。

指标名称：技术覆盖范围

指标介绍：技术覆盖范围（technology scope）是指专利所涉及的技术领域范围，或以专利说明中不同的头四位国际专利分类号（IPC 号）的个数来计算。头四位 IPC 号代表小类的技术领域，不同的头四位 IPC 号个数可以有效反映专利涉及哪几个小类的技术领域。

分析功能：专利覆盖的技术领域越宽，说明该专利越具有基础性、一般规律性。

指标名称：专利密度指数

指标介绍：专利密度指数（patent intensity indicator）指专利数量（申请量）与国家规模的不同数据（如人口、GDP 或研发投入）之比。例如，每百万人口本国居民申请量、每十亿美元 GDP 本国居民申请量、每百万美元研发投入本国居民申请量。

分析功能：专利密度指数用于评估各国和地区的专利申请状况。

指标名称：专利效率

指标介绍：专利效率（propensity to patent）指在一定时间范围内，每百万元研发费用支出所创造的专利数量产出。

分析功能：该指标用来评估国家/企业于一定时间内专利数量产出的成本效率。一般来说，专利产出数量越多，研发效率越高，技术研发能力越强。

指标名称： 专利成长率

指标介绍： 专利成长率（patent growth percent in area）或称专利增长率，是固定时间内专利数量的增减情况，例如，可将一年所获得的专利数量与前一年所获得的专利数量相比较，计算出当年较前年增减的幅度百分比。

分析功能： 该指标可以反映不同层面、不同主题技术创新行为变化的快慢，以及所在研发领域受重视的程度等。

类似指标： 三方专利申请增长率、PCT 专利申请增长率、相对成长率。

指标名称： 技术生长率

计算公式： $v=a/A$，其中，a 为当年发明专利申请数（或批准数），A 为追溯 5 年的发明专利累计申请数（或累计批准数）。

分析功能： 通过连续计算数年，如果 v 值递增，说明某项技术正在萌芽或处于生长状态。

指标名称： 技术成熟系数

指标介绍： 技术成熟系数（technology maturity）即发明专利申请或授权量占该技术领域发明专利和实用新型专利申请或授权总量的比例。世界大部分国家及国际组织所称的专利通常是发明专利，而中国专利制度下所谓的专利包括发明、实用新型和外观设计三种专利类型。发明专利和实用新型专利都是一种技术方案，主要区别在于其创造性程度不同；外观设计专利仅仅是对产品外观或图案的创新设计，不涉及解决技术问题。因此，在中国专利体系下，发明专利比例可以从宏观上反映企业或国家的整体专利质量水平。

计算公式： $\alpha=a/(a+b)$，其中，a 为当年发明专利申请数（或批准数），b 为当年实用新型专利申请数（或批准数）。

分析功能： 通过连续计算数年，若 α 值递减，则说明该行业的技术日趋成熟。

指标名称： 技术衰老系数

计算公式： $\beta=(a+b)/(a+b+c)$，其中，a 为当年发明专利申请数（或批准数），b 为当年实用新型专利申请数（或批准数），c 为当年外观设计专利或商标申请数（或批准数）。

分析功能： 通过连续计算数年，若 β 值递减，说明该行业的技术日趋陈旧。

指标名称： 专利占有率

指标介绍： 专利占有率（patent share）指专利在某领域的比例。

分析功能： 该比率越高，即越具影响力。考虑公司内部的专利分布时，占有率越高的专利，说明公司在此领域中越具有影响力，也意味着此专利可能为公司的竞争主力。

类似指标： 专利授权率（share of granted patent）、发明专利比例、同族专利授权率、有效专利占有率、美国专利占有率、技术集中度（技术产业专利集合中的子技术领域分布状况）等。

指标名称： 技术重心指数

指标介绍： 技术重心指数是指权利人在某技术领域的专利申请量占其全部申请量的比例。

分析功能： 该指标用于判断某一国家和公司的研发重点。

指标名称： 活动性指数

指标介绍： 活动性指数（patent activity）也称专利相对产出指数，是指公司在某技术领域的专利申请量与产业专利申请量的比例。

分析功能： 以公司为分析对象，可以了解某技术领域专利活动占某公司所有专利活动的比重，进而凸显此技术领域对公司的重要性并可作为研发重点。若是以竞争者为比较对象，则可知道公司与领域技术领导者的距离，以提供后续规划的参考。

指标名称： 专利垄断指标

指标介绍： 专利垄断指标（patent monopoly index）是指本领域申请量最大的申请人的申请量占本领域专利申请总量的比值。

分析功能： 该指标可反映某领域专利申请的集中程度。一般而言，垄断指标的数值越大，则说明本领域申请人或专利权人集中程度越高，该领域专利申请的战略意义较大。

指标名称： 专利自实施率

指标介绍： 专利自实施率（self-actualization rate of patent，ARP）是指在一定时间范围内，授权专利自实施的数量占专利授权量的比率。

分析功能： 专利价值的实现是通过实施来达到减少投入、增加产出、提高产品质量、发展生产力等目的的，因此专利授权后是否实施是衡量专利是否具有产业推广价值的重要指标。

指标名称： 专利转移率

指标介绍： 专利转移率（patent transfer rate，PTR）是指在一定时间范围内，专利转移量占专利授权量的比率。该指标可分为专利许可实施率和专利转让率两类。

分析功能：一般来说，只有已实施有收益的或将会实施有潜在经济价值的专利才会发生专利转移，因此该指标可以在一定程度上衡量专利价值。

指标名称：专利异议率

指标介绍：专利异议（patent opposition）是指专利授权后的一定期间内，任何第三人可以对专利的效力提出质疑，并请求专利局撤销专利权的程序，如欧洲专利公约规定 9 个月异议期，德国专利法规定 3 个月异议期。

分析功能：并非所有的专利都会遭受异议，通常只有那些价值大、影响和限制竞争对手的专利才容易遭受异议。技术领先的企业遭受异议的概率远大于一般企业。异议率可以判断一个企业的整体专利质量，异议率越大说明企业专利整体质量较高。

类似指标：专利存活率（自申请日或授权日起一定期限内的有效专利量占专利授权量的比值）、专利无效宣告率（在一定时间范围内，被宣告无效的专利量占专利授权量的比值）。

（2）引证类指标

以观测专利为基点，专利引证有两个方向：引用（citing）和被引（cited），国外常常直接称后引（backward citation）和前引（forward citation）。观测专利引用的参考文献（在先的专利文献、科学论文、会议记录、产品说明等）称为引文，引用观测专利的专利称为施引专利。专利引文包括两部分：一是申请人引用的现有技术，体现在专利说明书正文中，用以详细描述发明创造的技术背景，突出发明创造的技术先进性和进步性；二是审查员引用的现有技术，体现在专利说明书扉页或检索报告中，用以分析和判断发明创造的新颖性和创造性。

引证类指标是针对引用频次的统计及其比率的计算，包括引文数量、科学关联度、自引专利数、被引用次数、专利聚合、引证率、技术独立性、即时影响指数、吸收指数、扩散指数、优质专利指数、*h* 指数等指标。

指标名称：引文数量

指标介绍：引文数量（number of backward citations/number of citations made）又称后向引文次数，是指观测专利引用专利文献、科学文献等现有技术文献的数量。一般不直接使用引文数量这一指标，而是将引文分门别类予以计算。引文可以分为专利参考文献和非专利参考文献（包括科学文献），还可以分为自引引文、他引引文及由审查员提出的额外引证（以美国专利而论）。

分析功能：拥有高被引次数专利的机构可能在技术上更领先或较为基础，处于产业的强势地位，从而可以评估专利技术的影响力；专利引用的文献越多，在诉讼中越有价值，其法律质量越高；此外，根据引用情况还可以揭示专利的继承性，帮助梳理科技创新脉络。

指标名称：科学关联度

指标介绍：科学关联度（science linkage，SL）也称为科学联结，是指专利引用科学文献的数量，或分析对象各专利引用的科学文献数量之和与其所拥有的专利数量的比值。

分析功能：该指标用于考察分析技术创新与科学研究的关联程度。一项专利引用的科学文献越多，说明该专利越接近科学前沿，高技术特征越明显，专利质量越高；一个企业所有专利平均引用的科学文献越多，说明该企业具备的高技术特征越明显，竞争力越强，专利整体质量水平越高。该指标也同样适用于评估国家专利质量，不过最好要区分产业。因为科学关联度具有很强的产业依存性：机械产业的科学关联度将近为零，而生物化学等高科技产业可能高达 15。

指标名称：自引专利数

指标介绍：自引引文是指观测专利引用权利人自己的在先专利文献或者发明人自己的在先科学论文，反之则是他引引文。

分析功能：自引专利文献数量更多反映企业的专利战略。

指标名称：被引用次数

指标介绍：被引用次数（number of forward citation/number of citations received）又称前向引文量，是指观测专利被后续专利引用的次数。

分析功能：被引次数可以从专利技术的影响力和法律权利的垄断地位两个方面反映专利技术的重要性。被引用得越多，说明该专利的影响力越大，可能是该技术领域的基础或核心专利。

类似指标：平均专利被引用次数（citesper patent）。

指标名称：专利聚合

指标介绍：专利聚合（patent coupling）指两件专利同时引用相同的第三件专利。

分析功能：专利聚合反映了专利之间的紧密性。当两件专利共同引用相同专利的次数越多，两件专利聚合值（coupling index）越高，关系越紧密。

指标名称：引证率

指标介绍：引证率（citation/cited rate/ration）可分为自引率、他引率。自引率指在先专利被该专利权利人（或发明人）在后专利所引用的次数与该在先专利所拥有的总被引次数的比值；他引率指分析对象拥有的在先专利被他人的在后专利所引用的次数（他引量）与该在先专利所拥有的总被引次数的比值。在先专利可以是单件的，也可以是呈集群的若干专利。

分析功能：此项指标可以在一定程度上反映分析对象中某专题或领域研发的连续性、进展程度、集聚程度及围绕技术核心的专利战略情况。

指标名称：标准化引证率

指标介绍：标准化引证率即台湾工研院（以下简称工研院）提出的明星专利指标（star patent index，SPI）。工研院将获得引用比例排名达前 20%的专利列为明星级专利。标准化引证率即是指近 5 年的明星级专利的比率，并予以标准化。

计算公式：$\mathrm{SPI}_y=\dfrac{\sum_{n=y-5}^{y-1}N_{20n}\Big/\sum_{n=y-5}^{y-1}N_{Tn}}{0.2}$。式中，$\mathrm{SPI}_y$ 为 y 年的 SPI 值；N_{20n} 为 n 年的专利引证数百分比排序为前 20%的专利数；N_{Tn} 为 n 年的专利总数；y 为年代。

分析功能：该指标消除了技术领域不同造成的评比差异，消除了引用年代不同所造成的引证数评比差异，能够与国际机构进行比较，并能够追踪每一件影响 SPI 的专利，帮助机构进行专利布局。

指标名称：技术独立性

指标介绍：技术独立性为自引次数占引用总数的比例。

分析功能：该指标反映了企业的研发自主性水平。

指标名称：即时影响指数

指标介绍：即时影响指数（citation impact index，CII）也称当前影响力（指数），是指某企业前 5 年授权专利在当年的被引次数与同一产业中所有企业同期的平均被引次数之比。CII=1 代表平均水平，CII＞1 表示该企业当前被引次数高于平均水平，CII=2 表明该企业专利被引次数是平均水平的两倍。

分析功能：即时影响指数主要用于评估企业（也可以用于国家）近期专利技术的即时影响力，体现企业近期专利当下的相对质量水平，由于采用固定效果法（即采用相对被引次数），在一定程度上消除了时间和技术领域差异对被引次数的影响。该指标与企业新专利增长速度有较大关联，可以利用这个指标考察企业近期的技术发展趋势。

指标名称：吸收指数

指标介绍：吸收指数（originality index）又称原创性（originality），是指观测

专利引用不同技术领域的专利的分散程度。

计算公式：吸收指数 $OI = 1 - \sum_{i=1}^{k}\left(\frac{N_i}{N}\right)^2$ 。其中，k 为观测专利引用的专利（被引专利）所属的不同技术领域的个数，N_i 为属于 i 技术领域的被引专利个数，N 为被引专利的总数。

分析功能：$0 \leqslant OI \leqslant 1$，值越大，说明观测专利吸收的专利技术领域越宽泛，技术集成性越突出；相反，如果吸收指数较低，则说明该专利引用较窄技术领域的专利。

指标名称：扩散指数

指标介绍：扩散指数（generality index）又称普遍性（generality），是指观测专利所包含的技术作为后续技术创新的基础，在不同技术领域的扩散程度。

计算公式：扩散指数 $GI = 1 - \sum_{i=1}^{k}\left(\frac{N_i}{N}\right)^2$ 。其中，k 为引用观测专利的专利（即施引专利）所属的不同技术领域的个数，N_i 为属于 i 技术领域的施引专利个数，N 为施引专利的总数。

分析功能：$0 \leqslant GI \leqslant 1$，值越大，说明观测专利扩散的技术领域越宽泛，影响范围越大；相反，如果一项专利的扩散指数较低，说明其被少数几个领域的后续专利引用。

指标名称：优质专利指数

指标介绍：通常专利在产出的前几年与产出许多年之后较难以受到注目，被引用次数较少但较为重要，而在较容易受到注目时被引用所能反映出的重要性则较低。优质专利指数（essential patent index，EPI）考虑到专利被引用次数与年代差，定义为某公司拥有优质专利的比率，以评估其拥有优质专利的程度。

计算公式：EPI=公司拥有优质专利的数量/该公司拥有专利总数，其中，优质专利定义为产业内被引用排名前 25%的专利。

分析功能：优质专利指数越高，表明其专利整体优质程度越高。

指标名称：h 指数

指标介绍：对某企业的专利组合而言，如果有 h 项专利被后来专利至少引用 h 次，则该企业的 h 指数为 h。

分析功能：专利 h 指数间接量化了专利权人的技术水平、价值及其影响力。

（3）时间类指标

时间类指标是针对时间参数的统计，包括专利年龄、专利维持时间、技术循环周期等指标。

指标名称：专利年龄

指标介绍：专利年龄（patent age）是指专利授权（或公告）至某年度所经历的时间。对机构而言，专利平均年龄等于各专利年龄总和除以专利件数。

分析功能：专利年龄平均越小，说明该机构在本领域享有较长的技术垄断优势。

指标名称：专利维持时间/专利寿命

指标介绍：一项专利经国家专利审批部门核准后即具备有效性。专利维持时间（patent renewal/maintenance time）是指观测专利授权后保持有效性的时间期限。专利寿命（number of years a patent is renewed）即自申请日起计算，至其持有人放弃不再维持此专利权利为止。通常以年为计算单位。

分析功能：专利维持时间（或专利寿命）主要由专利的经济价值和非经济价值两种因素决定。总的来说，专利维持时间较短者专利质量低，维持时间较长者专利质量高。

类似指标：专利平均寿命（衡量企业的整体研发能力）。

指标名称：技术循环周期

指标介绍：技术循环周期（technology cycle time，TCT）也称技术循环时间或技术生命周期，是指专利引用的所有专利文献的中值年龄。机构/技术领域/国家的技术循环周期就是其所有专利的技术循环周期的加权。技术循环周期检测专利技术和现有技术之间的时间周期，体现技术创新或科技发展的速度。不同技术领域专利的技术循环周期差异很大：技术发展快的领域，如电子、计算机，技术循环周期为3～5年；技术发展较慢的领域，如造船，技术循环周期为15～20年。

分析功能：技术循环周期通常用来反映企业或国家的专利质量整体水平。如果一个企业专利的平均技术循环周期较短，则该企业技术创新速度快，产品更新换代的速度快，无疑能给企业提供更大的生存空间，有利于企业获得竞争优势。对于国家亦是如此，平均技术循环周期越短的国家竞争实力越强。不同国家的技术循环周期存在很大差异，就不同国家在美国授权专利而言，日本的技术循环周期比美国短，美国的技术循环周期比欧洲国家短。

（4）复合类指标

复合类指标是由多种指标综合而成，包括技术强度、优质技术强度、科学强度、专利品质、相对研发能力等指标。

指标名称：技术强度

指标介绍：技术强度（technology strength，TS）由分析对象所拥有的专利授权量（S）乘以其即时影响指数（CII）得到，即 $TS=S\times$CII。

分析功能：此指标反映分析对象授权专利质量的总体水平、分析对象的综合技术实力及其专利布局的强度。

指标名称：优质技术强度

指标介绍：优质技术强度（essential technology strength，ETS）结合了技术强度与优质专利指数，定义为专利数量（NOP）与即时影响指数（CII）和优质专利指数（EPI）的乘积，即 ETS=NOP×CII×EPI。

分析功能：该指标综合反映了产业内各专利权人的创新竞争力的差异，有助于了解技术竞争情况。

指标名称：科学强度

指标介绍：科学强度（science strength，SS）或称科学力量，指对专利数量进行科学关联度的加权，由所分析对象拥有的专利数量（S）乘以其科学关联度（SL）得到，即 $SS=S\times SL$。

分析功能：该指标可反映分析对象的专利与科学研究关联度活跃性的总体水平。

指标名称：专利品质

指标介绍：专利品质（patent quality，PQ）被定义为专利授权率、技术覆盖范围、国际范围（专利族大小及三方专利比例）、平均被引用次数这四项专利指标的加总值。

分析功能：该指标呈现某专利的总品质。

类似指标：平均专利品质（average patent quality），呈现公司所有专利申请的平均总品质。

指标名称：相对研发能力

指标介绍：相对研发能力（relative research and development ability，RRDA）以公司的专利数（NOP）、专利被他人引用次数（OCI）和自我引用次数（SCI）为参数，赋予不同的权重计算得来，即 PRDA=NOP×1.0+OCI×1.2+SCI×0.8 或 PRDA=NOP×1.0+OCI×1.4+SCI×1.2。

分析功能：该指标可以反映国家或企业整体的专利质量和水平。

3. 创新产出能力指标

清华大学经济管理研究所把技术创新能力分解为创新资源投入、创新管理、创新倾向、研究开发、生产制造和市场营销等 6 个要素。6 个能力要素经组合得到创新成果，即技术创新从构思到投入变成商品进入市场，技术创新能力在竞争中受到检验，而此时接受检验的不是能力要素而是创新产出。创新产出突出显示企业技术创新能力要素组合的效果如何。而且，当我们评估企业技术创新能力时，评估能力要素实际是评估技术创新能力的潜力。因为现在表现出来的创新产出是过去创新能力要素组合的产物。而现在呈现在我们面前的能力要素状况是未来技术创新产出的基础。从这个意义上讲，评估技术创新能力最现实的指标是创新产出能力指标，而不是能力要素指标。创新产出表现为收益性产出、技术性产出和竞争性产出，分别用收益性指标、技术性指标和竞争性指标反映。

（1）收益性指标

收益性指技术创新为企业创造的销售收入。销售收入分两种，一是新产品的出售给企业创造的新销售收入；二是表现为技术出售，企业由此获得技术收入。

创新收入应表示为净收益率和净增收益率。

净收益率=（创新收入–创新成本）/创新成本

净增收益率=（创新收入–创新成本）/销售收入

但是，这两个指标中的创新成本数据难统计。因此，我们选用新产品销售份额来体现新产品对企业销售收入的贡献。

（2）技术性指标

技术创新会引起技术变化，技术性指标可用技术新颖性反映。

该指标属于用经验数据测度的指标，其数据来自问卷调查。技术新颖性分为四个层次，从低到高依次为企业水平、省内水平、国内水平和国际水平。采用百分制计算技术新颖性，如国际水平为 100，国内水平为 75，省内水平为 50，企业水平为 25。

（3）竞争性指标

重视技术创新之所以成为世界性潮流，其根源在于它能为企业创造新的竞争力。

反映竞争性的指标有 5 个：①产品市场占有率（可分国际和国内）；②质量提高率；③成本降低率；④能耗降低率；⑤原材料利用率。

三、典型指标体系

（一）美国 NIH 科技评估指标体系

1. 科研项目评估体系

按照美国联邦政府《科研基金及研发项目的科学评审》的有关规定，美国国立卫生研究院（NIH）科研项目评估一般实行两轮专家评审：第一轮评审，根据学科选择同行专家，重点对项目的科学意义、创新性、研究技术路线、项目承担人情况及研究条件等内容进行综合评估；第二轮评审，一般由联邦政府科技咨询委员会、领域同行科学家及公众代表组成评审委员会，重点评估排名靠前项目与申请指南的关联性．并负责对第一轮评审中存在重大分歧的项目或申诉项目的审议等。

NIH 的科研项目评估指标主要包括科学意义、创新性、研究技术路线、研究基础及科研条件等方面，评审专家需要根据指标逐项评估和打分。特别要求要指出不足并提出修改建议，具体评估指标的主要内容包括以下几方面。

（1）科学意义

评审专家会对申请项目是否阐明了研究领域中存在的重要科学问题，将主要解决哪些制约领域发展的关键技术，预期将取得哪些研究成果，对所在领域的科学理论、方法、技术等会带来哪些推动和促进作用，以及对行业技术革新及经济和社会发展将起到什么样的作用等方面进行评估。

（2）创新性

评审专家会对申请项目是否利用新理论、新概念、新方法、新途径或新技术等挑战改变现有研究及应用模式，是否在研究领域或者更广范围内具有创新性进行评估。

（3）研究技术路线

评审专家会对项目总体研究策略、方法及路线对于实现研究目标的合理性，是否有潜在问题、替代策略及判断标准等方面进行评估，如果项目处于早期探索阶段或者涉及特殊对象，专家还会考察项目在管理风险因素方面的能力。

（4）项目承担人情况

专家评审项目承担人情况时，主要考查项目负责人、主要研究人员及合作人员组成的研究队伍在科学水平、管理能力、研究基础等方面是否适合承担该研究项目。其中，对新申请项目会注重考察其团队的研究经历，而对滚动申请项目则更注重研究团队对各自领域的贡献及前期项目的进展情况。对于有多个负责人或合作研究的项目，评审专家会着重考察其是否形成了协调机制或方案，以及项目的领导方式、组织管理结构是否合理等。

（5）研究条件

除了研究单位的实验设备、后勤保障水平等会被列入考核外，评审专家还要考虑承担单位拥有的独特科学环境、研究对象及在合作管理等方面能为项目提供哪些帮助。

另外，如果项目涉及科学伦理、生态保护或公民权益等方面的因素，评审专家在综合评估时也会加以考虑，将逐项提出评审的意见并进行打分。

2. 科技人员评估体系

为科学考核、评估 NIH 科研人员的绩效，根据评估目的，NIH 制定了相应的科研人员考核评估指标体系，以期形成科学、客观的评估结果，指导科学管理。NIH 每 4 年对院内科研人员进行一次考核。考核指标主要包括以下 4 个方面。

（1）科研水平

科研水平是对科研人员评估的核心内容。专家重点权衡被评估人所开展研究的显著科学意义，以及对研究领域、行业及社会的影响力：所开展的研究是否采用新思路、新技术来回答科学问题，并系统、深入地揭示科学规律或机理；研究内容的高风险高回报成分；对未来研究计划所选定的领域及方向的发展前景，以及计划的科学性、可行性。通过综合分析，对科研人员的科学水平按 10 个等级进行评分。

（2）科技合作与领导能力

科技合作与领导能力是对科研人员学术水平和组织管理能力的重要反映指标。NIH 主要对科研人员在项目单位内、外的合作情况，以及在科研计划中的领导作用进行考核。根据研究者与本单位的合作情况，反映其组织利用单位内研究团队及资源的能力，以及人际交流的特点；根据研究者与外部单位的科研合作，反映其学术引领及社会服务的水平及能力。

（3）人才培养水平

NIH 注重对被评估人员在人才培养的理念、方法和效果上进行考核。重点对被评估人员在培养研究生及博士后等年轻人独立思考及研究、申请研究项目及开展科学交流与讨论的能力，建立或带领研究团队的学科、民族、性别等组成情况，以及营造的科研工作环境状况等方面进行考察。

评估过程中除了直接与被评估人员交流，评审专家还要听取研究团队中一两位年轻人的研究报告，并进行单独访谈，以分析在读研究生或博士后的科学综合素质。另外，评审专家也会通过查阅在研究组工作及学习的人员对被评估人的年度评估材料，以及已毕业学生或离开的成员是否在较高学术声誉的科研单位或企业研发部门继续从事相关方向的科学研究等，来判断被评估人员人才培养的数量与水平。

（4）研究内容与机构的任务相关性

被评估人评审材料中包括所在单位研究任务、方向、近年总体科研情况的报告。

评审专家审阅被评估人员的评估报告时，将参考其单位的总体研究目标与任务，分析被评估人研究方向及内容与其所在单位研究方向和内容的关联度，并从被评估人利用了单位的哪些科研资源、开展院内合作研究情况等方面做出综合判断。

上述 4 个方面的指标既相对独立又相互关联。评审专家根据 4 个方面的综合评分，给出被评估人的总体评估等级。其中，只有科学水平评估为优秀，其他 3 项指标评估为优良及以上，总体评估才可能为优秀，优秀的比例控制在 5%～10%。

（二）日本科技评估指标体系

日本政府自 21 世纪起采用定量手段进行科技评估，确定科技技术指标，实现制度化，用客观的判断去决定对哪些领域应当配以多大的预算等[46]。2001 年，日本按照不同机构或不同研究领域基于学术论文和专利数据库及府省共同研究开发管理系统（e-Rad）的政府研究开发数据库，通过建立体系来明确大学及研究开发机构的资金投入和产出间的关系，反映资金分配上的计划，在促进专利和论文信息整合系统应用的同时，完善相关专利及各种文献间的链接和分析系统，促进知识产权关联信息的基础装备和网络化。除此之外，新政策制定要求基于科学证据，确保以科学的政策确定完备的评估指标及政策效果的分析方法。

目前，日本的“大学卓越研究中心（Center of Excellence，COE）”和“世界顶尖研究基地形成促进计划（World Premier International Research Center Initiative，WPI）”的目标都是采取倾斜式重点投资的方式建立重点领域、优势尖端领域的研究中心和研究基地[47]。

1. COE 科技评估指标体系

COE 的科技评估引入了由各个单位组建的第三方机构“COE 计划委员会”，摆脱了行政部门的直接干预，评估过程包括书面评估、听证合议及面谈，体现评估过程的公开透明性。COE 评估的着眼点主要从 3 个方面进行，分别是研究教育活动的工作成绩、未来计划及基地建设计划、经费是否合理，每个方面都有多个量化的指标。

2. WPI 科技评估指标体系

WPI 的审批是由日本文部省确定的审查委员会进行，主要采用同行评议法，并建立以世界顶级研究中心委员会为中心的强有力的跟踪审查体制。WPI 的评估指标包括研究领域是否在日本占据优势地位、10 年后是否有望取得重大成果、研究目标和可实现性如何、能否达到世界领先水平、能否对社会发展产生重大影响、

46 治部真理，山崎雅和，李颖. 从“科学之科学”到“政策之科学”[J]. 数字图书馆论坛, 2011(3): 17-23

47 王纬超，潘云涛，姚长青. 科技评价体系的研究进展及其“金标准”[J]. 中国基础科学, 2013, 1(15): 50-53

对国民而言是否容易理解、研究实施计划是否妥当、研究团队聘请主任研究员的方针和战略的妥当性、研究团队的国际化程度如何、研究环境管理体制等是否与国际接轨等。

（三）英国高等教育评估体系

英国的高校评估开始于 1986 年，评估结果将直接决定英国政府对英国高校科研活动拨款的额度。英国在 2013 年宣布其高等教育评估体系从以同行评议为基础的英国高校科研评估实践（research assessment exercises，RAE）改制为以计量为主题的研究卓越框架（research excellent framework，REF）[48]。

RAE 主要通过涵盖各个学科高水平的专家以同行评议的方式进行，评估的标准主要依靠专家的知识和经验，这导致的最大问题就是好使和失真。而新系统 REF 与目前盛行的高校排名有所不同，它比较重视评估过程和评估结果的描述，评估后会给出一份关于高校研究活动质量的描述文件，高校可以根据评估报告中的质量描述，发现本校有哪些质量较差、需要改进和提升的学科和领域，在制定未来的科研政策和规划中，除了稳固世界领先的学科和领域之外，加大对那些劣势学科和领域的政策或资助倾斜。

REF 主要使用 3 个指标对高校进行评估。

1）研究产出：评估专家委员会将根据原创性、重要性和严谨性 3 个标准，同时参考国际研究质量标砖对参与高校提交的研究成果质量进行评估，这个指标的权重占 65%。

2）影响：评估专家委员会将对参与高校提交的优秀研究成果对经济、社会和文化产生影响的广度和意义进行评估，同时对他们使研究成果产生影响的途径进行评估，这个指标占 20%的权重。

3）环境：评估专家委员会将根据研究环境的活力和可持续性，包括研究环境对更广泛学科或研究基地的活力和可持续的贡献等，对参与高校的研究环境进行评估，这个指标的权重占 15%。

REF 中对各高校科研评估的绩效推动了英国高等教育基金委员会基于质量的科研资助，不仅为英国高等教育机构科研质量的评估和科研经费的重新分配提供了新的标砖，同时还为科技评估提供了一种全新的理念。

（四）澳大利亚 REPP 学术评估体系

在学术评估方面，澳大利亚国立大学社会科学研究院科研评估与政策项目组（REPP）是世界上首屈一指的系统性学术评估中心，其研究的焦点领域为科研绩

48 宋丽萍. REF 与科研评价趋向[J]. 图书情报工作, 2011, 55(22): 60-63

效和澳大利亚学术研究机构的深层次定量分析。REPP 成员 C. Donnovan 和 L. Butler 将定量评估指标分为质量指标和影响力指标两类，其中质量指标又分为标准文献计量指标（规定范围内的学术出版物数量、篇均被引率、用影响因子加权的期刊论文数）、非标准文献计量指标（总被引数、用出版商或期刊声誉加权的出版物数量、论文浏览与下载次数）、文献计量以外的其他指标（荣誉和奖励、学术团体成员、学术团体植物、参加学术会议、杂志编委、访问学者）三类[49]。

在对高校进行研究时，REPP 将同一地址信息的所有变动集合在一起，将有同一地址的出版物归入一个标准化地址，即全部归入科系一级。

在文献计量方法的研究中，对于国家的研究采用的指标有以下几个。

1）出版物与引文比重时间序列：指一个国家在世界总产出（所有 ISI 出版物）中所占比重及其在世界总效果（ISI 标引的期刊内所列对 ISI 出版物的全部引证）中所占比重。

2）相对引文效果：指一国的出版物比重与其引文比重的比值。

3）协作范围：指作者数量及各种出版物所连带的地址数量。

对于机构的研究，采用的指标包括引文/出版物及其时间序列、引文最多的出版物（机构出版物分属引文率 1%、5%及 10%集群的百分率）和实际与预计引文率。

REPP 认为这些文献计量指标数据本身不回答任何单一的评估性问题，而是把它当作一个异常识别出发系统，当它与同行评议之间未达成一致意见的情况下，应当承认分歧并确定分歧是来自数量问题或可能突出地反映了本领域同行所掌握的信息。

另外，在学术研究的社会评估方面，澳大利亚采用了很多指标，包括产业化的收入、孵化产业公司数、用户满意度、国际合作项目数、合作机构数量、作者合著及合作申请专利的次数、获得横向资金的数量、人力和资本支出、政策提案、专家委员会成员的资格及发言邀请、培养的研究生数量、博士后数量、参与合作研究项目成员等[50]。

四、小　　结

创新型国家开展系统的科技评估工作时间较长，在数据收集与定量分析方法上日趋成熟，具体的评估指标也日益丰富。例如，美国对政府委托式的应用研究项目成果进行评估时，以合同中所列条款为主要依据，综合专利情况和应用情况给出客观评估结果。瑞士对基础研究项目的立项评估重点考虑项目的科学价值、

49 Donovan C, Butler L. Testing novel quantitative indicators of research ‘quality’, esteem and ‘user engagement’: an economics pilot study[J]. Research Evaluation, 2007, 16(4): 231-242

50 朱少强. 国外科学研究计量评价的研究进展[J]. 重庆大学学报(社会科学版), 2008, 14(2): 72-77

原创性、采用的方法及申请者的资质。应用型研究项目评估内容主要包括经济意义、科技意义、潜在市场、可持续发展性、工作计划清晰度及预算规划。法国评估科技项目的重点内容是项目的必要性、合理性、实用性和先进性，以及市场的应用前景和经济效益。德国评估基础研究项目参考标准涉及发表论文的数量与质量、引用率、是否被国际权威文献摘录、获荣誉称号次数、参加学术活动次数等。日本有关安全或环境方面的科技项目主要从经济社会的角度而非技术角度进行评估，在科技评估过程中注重发掘创新人才，更看重他们的科研创新潜力。

第七章　科技评估典型案例

陈　赟　张爱平　王　琼　袁银池

（中国科学院上海生命科学信息中心）

一、英国高校科研评估实践（RAE）

英国高等教育基金委员会（Higher Education Funding Council for England，HEFCE）负责对英国356所大学及高等学院拨款。HEFCE为了合理分配政府下拨的基础性研究经费，从1986年开始执行科研评估制度（The Research Assessment Exercise，RAE）。RAE的实施以5年为一个周期。每次评估结果将决定这未来5年约50亿英镑科研经费在各高校和科研机构之间的分配情况。英国RAE科研评估制度的出现与英国教育主管部门对大学经常性科研拨款的政策变化有密切关系。随着英国高等教育规模的不断扩大，以及政府财政压力的日益增大，加强科研拨款的选择性和透明度，提高政府科研拨款的效益，逐渐成为政府工作的重点。在政府的指引下，英国高等教育拨款机构于1986～1987年引入新的公式化拨款模式（formula-based funding model），政府对大学的经常性拨款开始按照教学和科研两大标准分别进行划拨。

到目前为止，英国分别于1986年、1989年、1992年、1996年、2001年、2008年开展了6次RAE评估，2008RAE是截至目前最为严格的一次高校科研评估，于2007年11月30日开始提交评估材料，该次评估共有159家高等教育机构提交了共计2344份材料，评估结果于2008年12月18日对外公布。

（一）2008RAE评估原则

英国RAE科研评估遵循11条原则[51]，具体包括如下内容。

公正性（equity）：所有类型的研究、各种形式的研究成果都应在公正、公平的基础上被评估。

多样性（diversity）：提交的评估材料反映了英国高校的各种优秀研究，评估将采取灵活的方法和标准以充分鼓励研究的多样性。

51 RAE R. Research Assessment Exercise 2008: Guidanceon Submissions [EB/OL]. http://www.guardian.co.uk/education/rae [2017-2-27]

平等性（equality）：鼓励高校提交其所有优秀科研人员的研究成果，给所有科研人员以平等的参评机会。

专家评议（expert review）：专家评议是评估的中心原则，评估组成员都是现今或近期活跃在高质量研究活动中的专家，且这些专家将采用相应的评估指标对参评材料做出专业的评估。

清晰性（clarity）：评估过程中所有书面材料、声明都要做到清晰、一致。

一致性（consistency）：主评小组应保证所负责的几个评估小组的评估标准和评估方法保持一致。

连贯性（continuity）：RAE 科研评估在不断改进中得到发展，新一轮评估的开展要借鉴先前评估工作中的优点，弥补其不足。

可信性（credibility）：保证评估的管理、基本方法、形式及过程的可信性，并力求通过对评估小组的细致指导及查证提交评估的材料的真实性来保障这种可信性。

高效性（efficiency）：评估活动的成本和花费尽可能降低，以便保持一个有活力、有保障的评估过程。

中立性（neutrality）：评估在不歪曲事实的情况下中立性地开展工作。

透明性（transparency）：评估可信性的加强需要评估过程的透明性来保障，评估中各项决议和决策的过程都将公开进行说明。

（二）2008RAE 评估标准

2008RAE 的评估标准（表 9）主要分为 5 个等级，最高等级是 4*，在评估中达到 4*的将获得更多的科研经费，而无等级的高校和科研机构就无法获得拨款。2008RAE 评估与之前进行的五轮评估相比，本次评估的评估结果形式发生了较大改变。前五次评估，评估结果形式的变化只停在评估等级的划分上，如 2001RAE 评估结果划分了 7 个等级，而 1992RAE 评估结果划分了 5 个等级，为了解决前几次评估等级标准划分不具体、级别多等问题，2008RAE 改变了前几次评估标准的共同性、客观性，修改了评估等级标准和记分方法。

表 9　2008RAE 评估标准[52]

等级	研究成果评估标准	评估机构占比/%
4*	在创造性、重要性和精确性方面达到了世界领先水平	17
3*	在创造性、重要性和精确性方面达到了国际较高水平，但在某些方面还未达到最高标准	37
2*	在创造性、重要性和精确性方面达到了世界水平	33
1*	在创造性、重要性和精确性方面达到了国内水平	11
0	质量尚达不到国内水平，或提交的成果不符合本次评估的相关规定	2

52 Rae2008. RAE2008 confirms UK's dominant position in international research[EB/OL]. www.rac.ac.uk/news/2008/results.asp. [2017-1-12]

2008RAE 评估小组由 15 个主评估小组和 67 个次评估小组组成，主评估小组负责统领同一学科的次评估小组。2008RAE 还专门设立了特别专家小组，其作用是辅助次评估小组的评估。其中，主评估小组成员由学术团体和其他利益相关组织推荐，而最终由英国高等教育基金委员会任命。

（三）2008RAE 评估材料

RAE 评估的对象是院系或者独立的科研机构，参审单位需要提交一份申请资料，该申请资料有标准的格式，其所需要的信息主要包括科研团队、研究成果、学生信息和奖学金信息、科研荣誉、科研环境等相关资料。2008RAE 的申请资料见表 10。

表 10　2008RAE 申请资料[53]

类别	子类别	具体信息
科研队伍	工作人员信息	截至 2007 年 10 月 31 日在职的全时制研究者数量 截至 2007 年 7 月 31 日在职的全时制研究助理量 截至 2007 年 7 月 31 目在职的全时制科研技术助理、科研管理者、实验人员等的数量
	研究者信息	姓名、出生日期、职称、职称变动情况、参加的学术协会等信息
科研成果		每个科研人员在 2001 年 1 月 1 日至 2007 年 10 月 31 日具有代表性的 4 项科研成果的信息
研究生和奖学金研究生信息	研究生信息	2001～2007 年，每年 7 月 31 日时登记在册的全日制学生数 2001～2007 年，每年 7 月 31 日时登记在册的非全日制学生数 2001～2007 年，每年授予的博士学位数 2001～2007 年，每年授予的硕士学位数
	奖学金信息	2001～2007 年，每年提供的各项奖学金的详细情况：按照奖学金的不同资金来源分类
科研环境和科研信誉	总体科研环境和科研信誉	大学对该评估单元的战略性投入 支持研究人员学术成长和发展的策略 与其他学术和非学术机构及国外高等教育机构合作方面的战略 学科间合作研究方面的战略 研究成果的重要性
	研究者的科研环境	不利于研究者进行学术研究的情况

（四）2008RAE 专家评审

评审小组是通过同行专家评估的方式来开展活动的。RAE 评审以评估单位专业划分评审单位，审查中通常一个评审小组负责审查一个单位。审查小组主席经上一届评审委员会成员选举，最终经高等教育基金委员会最终决定。成员则由高校、科研院所等推荐，然后由评审委员会主席拟定，最终由高等教育基金委员会

53 RAE R. Research Assessment Exercise 2008: Guidanceon Submissions [EB/OL]. http://www.rae.ac.uk/pubs/2005/03/[2017-2-27]

最终决定。2008RAE 包括 15 个主评估小组和 67 个次评估小组，每个次评估小组由 11 位专家组成。此次 RAE 评估与之前的评估相比，标准更加清晰，为应用研究、实践研究及跨学科研究提供了更具适用性的评估结果。而每个评估小组负责审查一个单位、评审人员由选举产生的方式也在一定程度上体现了公正性。

2008RAE 首次提出了“质量概评”（quality profiles）的标准。在 2008RAE 中，评估组做出“质量概评”要经过两道程序：一是由主、次评估小组共同制定评估标准，主评估小组决定提交活动的具体分类，包括研究成果、研究环境和受尊重情况等三项指标的内容及所占总体质量的权重（研究成果的权重不低于 50%，研究环境的权重不低于 5%，受尊重情况的权重不低于 5%）；二是次评估小组具体评估。下面以 2008RAE 官方网站提供的模拟案例[54]（某大学）对次评小组的评估及评分方法进行说明。

第一步，初次概评，即三项指标的等级加权计算，并计算等级总和。在等级判定中，每位专家根据各项评估原则，以及参考提交的科研成果及其发表的论文被引用的次数、所发表刊物（如果提供的是已产业化的成果，还考虑其效益和市场占有率等）等，提出个人的评议意见，最后对每一研究人员的成果是否达到国际、国内先进水平等进行投票表决。如表 11 所示，次评估小组成员对某大学在所辖评估领域的打分中，认为在研究成果项中，10%的研究成果达到 4*标准，则该项得分为 10，达到 3*标准的研究成果有 25%，得分即为 25，以此类推，2*得分为 40，1*得分为 15，0 得分为 10。研究环境、受尊重情况两项的评分也照此进行。之后，按主评估小组对研究成果、研究环境、受尊重情况所占权重的规定，对 4*、3*、2*、1*和 0 标准的得分进行加权计算。最后，将研究成果、研究环境、受尊重情况和各等级中加权计算后所得分数相加，得出初次概评得分，如 4*标准的初次概评得分为 10×70%+20×20%+30×10%=14。

表 11 2008RAE“质量概评”——初次概评计算表

		4*	3*	2*	1*	0
评估组评分	研究成果	10	25	40	15	10
	研究环境	20	30	15	20	15
	受尊重情况	30	25	10	20	15
权重计算	研究成果×70%	7	17.5	28	10.5	7
	研究环境×20%	4	6	3	4	3
	受尊重情况×10%	3	2.5	1	2	1.5
初次概评得分		14	26	32	16.5	11.5

第二步，运用累积凑整法，首先计算累积总和，如 3*累积总和=加权 4*+加

54 Ref RAE. Research Assessment Exercise 2008: Guidanceon Submissions [EB/OL]. http://www.rae.ac.wk/pubs/2005/03/[2017-2-27]

权 3*=14+26=40（步骤一，表 12）。接着以 5%为基准凑整（四舍五入），如 4*累积总和为 14，凑整后为 15（步骤二，表 13）。

表 12　2008RAE“质量概评”步骤一

等级	4*	3*以上	2*以上	1*以上	0 以上
得分	14	40	72	88.5	100

表 13　2008RAE“质量概评”步骤二

等级	4*	3*以上	2*以上	1*以上	0 以上
得分	15	40	70	90	100

第三步，找出相邻等级的差值，得出评估结果（表 14）。例如，3*的最终比例为上一步骤的 3*积累总和减去 4*，即（40–15）=25。通过该步骤所得到的等级所占比例就是“质量概评”。下表的结果说明，某大学在该评估单元中，15%达到了 4*的标准，25%达到了 3*的标准，30%达到了 2*标准，20%达到了 1*标准。此步骤完成后，次评估小组还需要将评估结果上所属的主评估小组审核。

表 14　2008RAE“质量概评”相邻等级差值计算表

标准	4*	3*	2*	1*	0
得分	15	25	30	20	10

（五）2008RAE 评审结果公开

2008 年年底，英国高等教育基金委员会将各高校和科研院所 67 个学科的评审结果向社会公开。2008RAE 将 67 个学科[55]应用按研究领域划分为 15 组，每个组分别用英文字母 A～O 作为代码标记。例如，以教育学这门学科作为一个个案研究（表 15），参与教育学评估单元评估的高校总共有 82 所，排名前五的大学中，牛津大学的教育学研究水平是最高，提交的研究成果中 30%达到 4*标准、35%达到 3*标准、30%达到 2*标准、5%达到 1*标准，科研的综合得分达到 2.900。同时，英国高等教育基金委员会公布的 159 院校整体科研水平得分及排名情况中，剑桥大学排在第一位，得到最高分 2.975。

55 分别是心血管病学、癌症研究、传染病与免疫学、其他以医院为基础额临床学科、其他以实验室为基础的临床学科、流行病学和公共健康、健康服务研究、初级护理和其他社区门诊、神经系统科学和临床心理学、牙医学、护理学和产科学、健康职业与研究的联合、药学、生物科学、临床和人力生物科学、农学植物学和食品科学、地球系统和环境科学、化学、物理、理论数学、应用数学、统计与运筹学、计算机科学与信息科学、电机与电子工程、通用工程和矿物与采矿工程、化学工程、土木工程、机械航空与制造工程、冶金与材料、建筑学与建筑环境学、城市与乡村规划、地理与环境科学、考古学、经济学与经济计量学、会计学与金融学、工商管理学、图书馆与信息管理、法学、管理学、社会学、人类学、发展学、教育学、体育学、美洲研究和英语地区研究、中东与非洲研究、亚洲研究、欧洲研究、俄语和东欧语言、法语、德语、荷兰语和斯堪的纳维亚语、意大利语、伊比利亚语与拉丁美洲语、凯尔特人研究英语语言文学、语言学、古典学、古代史、拜占庭和现代希腊研究、哲学、社学、上帝与宗教研究、历史学、艺术与设计、艺术建筑与设计史喜剧、舞蹈与表演艺术、传播文化和媒体研究音乐

表 15　2008RAE 高校科研水平综合得分及排名（前五名）

高校	科研水平综合得分	获得 4*科研成果所占比例/%	获得 3*及以上科研成果所占比例/%	参评学科数量
剑桥大学	2.975	21.0	71.2	50
牛津大学	2.959	31.8	70.3	48
伦敦政治经济学院	2.957	34.9	68.4	14
帝国理工学院	2.943	25.8	72.9	21
伦敦大学学院	2.944	26.6	65.8	47

（六）2008RAE 评审特点

设立两级评估专家组，严格人员构成。2008RAE 第一次创造性地实施了评估组的“双层”结构，即 15 个主评估小组和 67 次评估小组。15 个主要评估小组的职责包括：对各学科采用的评估方法进行审批；对受评院校质量总评等级拥有决定权；促进各主要评估组之间的交流、合作。15 个主评估小组主席来自于英国 12 个高等教育机构。接着结合相关的权重和主评估专家组的意见，由基金会提名并任命了 67 个次评估组的主席。这 67 个次评估小组的职责包括：针对学科的评估标准、实施方案拟定陈述草案；承担具体的评估工作；评估小组可以对学科领域内高校的评级提出自己的看法和建议。为了保证次评估小组更好的履行职责，基金委员会在任命小组成员主要考虑的是：必须确保各专家组成员构成的专业知识及整体水平评估能满足学科评估单元的要求。在审查小组的成员，由英国联合会科目、高等教育基金委员会通过的企业或其他商业研究组织进行联合提名，提名完成后，由 HEFCE 的理事会对于提名的人进行任命。此外，2008RAE 还专名设置了特别专家小组，协助次评估小组进行评估，主要负责跨学科、交叉学科和次评估小组无法准确评估领域的评估工作[56]。

明确学科评估标准，提高评估实效性。2006 年，高等教育基金委员会公布了即将实施的 2008RAE 的评估标准和方法。此次评估标准和前 5 次评估活动的标准相比，明确了具体学科的评估标准，其中详述了调整后评估的原则、评估的流程，并且这次评估应用型学科、实践型学科和跨学科研究的特点突出，与前几次相比较，针对性和适用性更强。例如，J 组的社会工作、社会政策学、行政学中的评估方法中提到，参与评估的研究范围包括独立性研究、参与性研究（即只完成某项研究中的一部分），有时可能包括机密性研究。

（七）RAE 评审对我国的启示

1. 建立非官方的中介组织，完善利益相关者参与评估机制

英国的高校科研评估机构是采用独立的中介机构来进行评估的。中介组织

56 常文磊, 王报平, 龙清涛. 英国大学科研评估创新与发展的影响[J]. 大学(研究与评价), 2009, (9): 70-75

——高等教育基金委员会（前身是英国大学拨款委员会），是半官方性质的，不受国家的直接控制。英国通过中介组织——高等教育基金委员会进行科研评估，使中介组织成为责任主体，可以促进政府、高校与社会等利益相关者形成相互协调和制约的和谐关系。事实上，RAE评估是英国政府通过高等教育基金委员会出面组织，在整个英国范围内政府对高校科研环境进行渗透的一种主动行为，力争在英国构建一种新型的教育质量保证体系。

2. 建立教学与科研评估分别独立的评估机制

在英国，教学评估和科研评估都属于高等教育的质量评估机制，但二者之间又是分别独立评估的，肩负不同的责任。科研评估（RAE）是对科研质量做出的水平评估；教学评估组成的英国高等教育质量保证机构（QAA），它主要是通过高校管理，以及它的整体素质及教育水平的服务和评估教学与各学科学习达到质量评审，保障英国教学质量的提高。从2000年至2002年，QAA密切与高等教育部门的工作关系，发起了一项新研究，推出了一个新的整体性评估体系——学术评估（academic review）。这种致力于实现学术标准的监测和评估，翻开了英国开设高校教育质量的新评估方法的历史新页。最近几年来，为适应高等教育发展的新趋势，英国花费大量的资金构建保障高等教育质量体系，不仅建立了内部质量保证体系，还形成了高等教育外部质量保障机制，内部和外部两方面对高校教学质量监控机制相结合，同时也有利于对高校科研质量进行监督。

3. 建立以学科为基础的评估体系，形成学校的学科特色

英国高校科研评估是以学科领域为基础，在此基础上进行学科评估，而不是把高校作为一个整体进行评估。以学科为对象进行评估使得评估结果更客观、合理，有利于更新和改造各领域的学科。目前，我国各高校的办学各有特色，但高校自身建设存在较大差距，科研评估只是以本学校整体科研水平而不是以具体学科为评估对象的评估，评估所应遵循的公正性原则无法体现，为了解决评估公平性问题，我国可以借鉴英国高校科研评估的做法，即以学科而非整所大学为评估对象进行评估。在英国，以学科类别划分高校排名已成为一种趋势，这就使得没有悠久历史的一般高校可以以自己的特色专业学科的发展来与世界一流大学相抗衡。也就是说，为了形成自己的学科特色和优势学科，它可以从某一个或者几个学科进行突破研究，如在语言学科的研究领域里，2008年伦敦大学和玛丽皇后学院的排名居首位，而剑桥大学排名11，牛津大学排在17名。虽然伦敦大学和玛丽皇后学院名气没有剑桥大学和牛津大学那么大，但是因为它形成了自己的特色学科，同样得到社会的认可和尊重。这种以学科为基础的评估，从政府层面来看，开展以学科为基础的评估，增加特色评估指标，以便更好地了解本学科；从高校层面来看，通过跨学科的评估，有利于鼓励高校重点学科专业学科建设发展，指

导高校学科特色的形成。所以我国高校应该借鉴英国高校科研评估的做法，开展学科评估，促使各学校的特色发展，促进各高校科研水平的提高。

4. 建立科研与拨款相结合的管理机制

科研评估的结果与高等教育拨款机构的科研拨款有着直接的联系，而且这种联系一直处在不断深化的发展趋势中。英国高校科研评估主要目的是为高校划拨科研经费提供依据，这有利于实现教育资源合理、有效地利用，这是世界高等教育发展的一个重要趋向。这种管理机制有它的优势，但也存在一定的局限性。在改善科研评估过程中，应该集中精力研究科研经费拨款的配置，努力寻找评估与拨款之间的生长点，在有限的经费条件下有效地使用经费，从而实现经费投资效益的最大化。高校科研评估将评估结果与财政拨款挂钩，帮助政府将资金集中到一些重大研究项目上，提高资金的使用效率，促进科研的进步，并最终实现高校在国家科学和技术中的作用。

5. 加强评估过程的公正性，注重评估结果的透明化

英国设立了专门的高校科研评估（RAE）网站（http//www.Rae.ac.uk），网站上不仅公布了每次评估的相关信息和评估程序，如评估委员会专家成员名单、评估标准、评估步骤及被评估单位所提交的科研成果材料等，而且还向全社会公布了相关经费的拨付全部过程。整个评估过程基本上是在透明的状态下完成，以便社会公众可以更清楚评估进展及了解相关的内容并予以监督。英国高校科研评估在评估前，基金会的评估机构会向全社会人士公布各高校提交报告的说明书、评估专家的组成及评估标准，允许各界人士充分的讨论。评估的结果会显示出来，并呈现出它与经费拨款之间的相关性。评估整个过程的具体信息（除了机密信息）都可以通过英国高等教育基金委员会官网的主页查阅，相关信息几乎透明。

（八）在 RAE 基础上建立的研究卓越框架（REF）

英国大学科研评估在 RAE 框架下经过二十多年的发展，六次评估实践的探索，在英国大学科学研究的发展中发挥了重要作用，但也引起了一些争议。2008 年第六次评估活动结束后，英国高等教育基金委员会决定建立新的评估体系——研究卓越框架（REF）。REF 在继承了 RAE 精髓的基础上，引入了一些新的元素，建立了新的评估框架。

由英格兰、苏格兰、威尔士高等教育基金委员会及北爱尔兰就业与学习部主导，由代表四个拨款实体的 REF 小组及监管团队管理，REF2014 相比 RAE2008 最大的变化是引入了“科研影响力”的评估。“科研影响力”概念主要指对外部社会的广泛功能，排除对高等教育部门内的科研、学术知识的进步的影响力（这种

影响力放在“产出”或“环境”来评估）；排除对学生、教学或其他局限在提交案例高校内的活动影响力，如果是对提交案例高校之外的学生、教学的影响，则包括在内。

REF2014 评估大学研究的外部功能及影响的尝试在英国学界引起了巨大争议。2009 年针对 REF 开展的公众咨询的数据显示，围绕“影响力”指标至少有三大争议：一是其对同行评估专家团的界定，威胁学术自治；二是影响力话语的建构会削弱科学的“边界”特征；三是对影响力建立在科研之上的预设限制了知识的转译。英国大学联合会（University and College Union）甚至发起了一项称为“站出来力挺科研”（stand up for research）的请愿活动，反对将影响力因素引入 REF，认为科学与其社会或经济应用之间存在清晰界限，应该“抵制粗糙的应用概念”。但也有研究者认为 REF 实际上可以帮助大学反思日常行为，加强而不是限制学术自主权，同时提高研究的效率与水平。

2014 年年底英国高等教育基金委员会公布了 REF 的首次评估结果，并以此分配 2015～2016 学年度的大学经常性科研经费。从 RAE 到 REF，尽管评估框架发生了很大的变化，但是 REF 和 RAE 在很多方面还是一脉相承的，REF 虽然在 RAE 的基础上进行了很多新的探索和尝试，也努力避免 RAE 出现的一些问题，但仍然不可能是完美无缺的。因为 REF 目前只执行了一次，且目前对于其具体的适用性还在进行不断摸索，因此本书在此不做深入研究。

二、美国国家科学基金会的扩大参与项目的影响评价

美国国家科学基金会（National Science Foundation，NSF）是美国联邦政府的一个独立的重要科研资助机构，1950 年根据美国国家科学基金法规 P.L.81-507 成立。它是美国联邦政府唯一的专职科技管理部门，自身没有下属科研实体。其主要任务是负责资助全美国的高等院校和其他学术机构的科学研究、科学教育和科研设施，促进美国科学事业进步，培养美国下一代科学家和工程师。

（一）评估案例的背景

案例介绍了 NSF 扩大参与项目的政策环境，提出 NSF 扩大参与广泛影响声明的意义是一种包容性策略，提出的建议将有助于改善基金会使用数据实现扩大参与目的的方法。通过建立监测指标和评价指标来衡量 NSF 扩大参与项目成功与否及其有效性，还介绍了对结果的概述和相关成功指标，不仅可以用来评价科学、技术、工程和数学（STEM）项目，还可以评估内外部区域的基础水平工作。

案例提出充足的理由和验证方法来确定弱势群体（包括妇女、少数族裔和残疾人等）是否能成为充分参与科技研发的劳动力。此外，科学工作对这些人群的

影响，必须被视为科技政策发展的重要因素，因为科学的持续健康发展取决于挖掘所有潜在的人才来源。而且，作为一个公正性问题，所有公民，不论种族、性别或残疾人，都应该有机会参加科学职业，因为这些群体的专业和学术成就，应与一般人群相似。

NSF 已在过去通过各种努力履行扩大参与职责，并获得了不同程度的成功。最近，针对美国的战略计划，基金会开发了一个 NSF 广泛扩大参与战略框架，通过资金和其他方案来努力解决这一关键目的。作为战略的实施，如何才能评估其投资的成功性和有效性，案例介绍了美国国家科学基金会提出的扩大参与目标、直接资助的项目类型和建立合适的度量方法、指标等，可用于项目的监测和评估。

（二）评估项目的类型

NSF 的战略体现在建立一个投资组合，审查 NSF 扩大参与组合的项目类型如下：①扩大参与重点项目；②强调扩大参与的项目；③具有扩大参与潜力的项目；④其他扩大参与工作等。以下是每个项目类别的描述。

1. 扩大参与重点项目（28 项）

扩大参与的重点项目有明确的目标，扩大参与和预算的主要部分是特定的活动（或研究的主题）。在这个项目分类，主要策略包括：①通过资源，如奖学金、助学金、奖励和干预措施的规定来扩大准入和来自弱势群体的成功途径；②改变机构基础设施（通常指高等教育水平）来为弱势群体提供学习或工作环境，以鼓励其在科学、技术、工程和数学的成功。

包括在这类中的项目有扩大参与计算（BPC），路易斯斯托克斯联盟少数民族参与（LSAMP），增加学术的参与和妇女的进步和工程事业（ADVANCE），历史上的黑人学院和大学本科项目（HBCU-UP），残疾人教育研究（RDE）和其他项目。这些项目中的 18 项要求对招标项目进行水平评价。

2. 强调扩大参与的项目（17 项）

强调扩大参与的项目有一个额外的扩大参与审查要求。在投资组合中有扩大参与部分及其他部分。

包括在这类中的项目有综合的研究生教育和研究培训计划（IGERT），研究经验的本科生（REU），非正式科学教育（ISE），计算机与信息科学与工程（CISE），恢复计算机大学教育的途径（C-PATH）和其他项目。这类项目中的 8 个项目需要在招标中进行水平评价。

3. 具有扩大参与潜力的项目（16 项）

具有扩大参与潜力的项目，具有较高可能性（涉及一个合格的标准或设计元素）来帮助完成扩大参与工作。包括在这一类的有研究生奖学金（GRF），先进的科技教育（ATE），STEM 的人才扩展程序（STEP）和中小学教育的研究生教学研究员（GK-12）。这些项目中的 9 项需要对招标项目进行水平评价。

4. 其他扩大参与工作（5 项）

包括一些重点关注的核心计划，以解决已确定学科的扩大参与挑战，以及其他支持创新实验的教育，跨学科的研究领域，或合作伙伴和合作项目。

其他例子包括扩大参与下一代的劳动力，研究合作伙伴的多样性和大气科学研究中的重大机遇。

（三）监测数据和指标

本节将举例说明第一类扩大参与重点项目的相关数据和指标，实例也可以适用于其他扩大参与类别的项目。

图 12 显示了六个扩大参与重点项目的典型目标，并提供数据。当项目有一个以上的目标时，需要结合来自不同目标的数据。当目标跨度从高中到成为科技劳动力时，NSF 战略将会在流程的每一个环节增加弱势群体的队伍。

不同类型的项目需要相应的信息。例如，一方面项目集中在人力资本方面的劳动力生产可能会考虑图 12 的指标。另一方面，项目集中在机构能力建设的将考虑图 13 的监测指标。

图 12 和图 13 所示的指标是基于广泛的目标类别代表在扩大参与重点项目的集合。根据被监视的特定项目，项目管理员或评估人员可能希望添加、删除或修改的一些指标。

（四）评估数据的应用

如何对扩大参与项目的数据进行评估，将根据用户的不同类型来应用。通常，这些数据主要来源于用户的决策者、出资者、主要研究者和评价者。下面介绍的方法，监测指标和评估数据可能被不同的人群使用。

1. 政策制定者

政策制定者最有可能使用总结性评价，而不是监测指标评价数据。对项目能力的总结性评价报告将用于评估某个特定机构的既定目标。这些评估的结果可能有助于国会确定将多少资金分配给 NSF 及应该如何分配这些资金。在扩大参与项目的特殊情况下，美国国会和联邦机构将确定 NSF 能履行增加科技人才和劳动力的多样性目标，做出相应奖励，或提出用于实现这一目标的建议和策略。

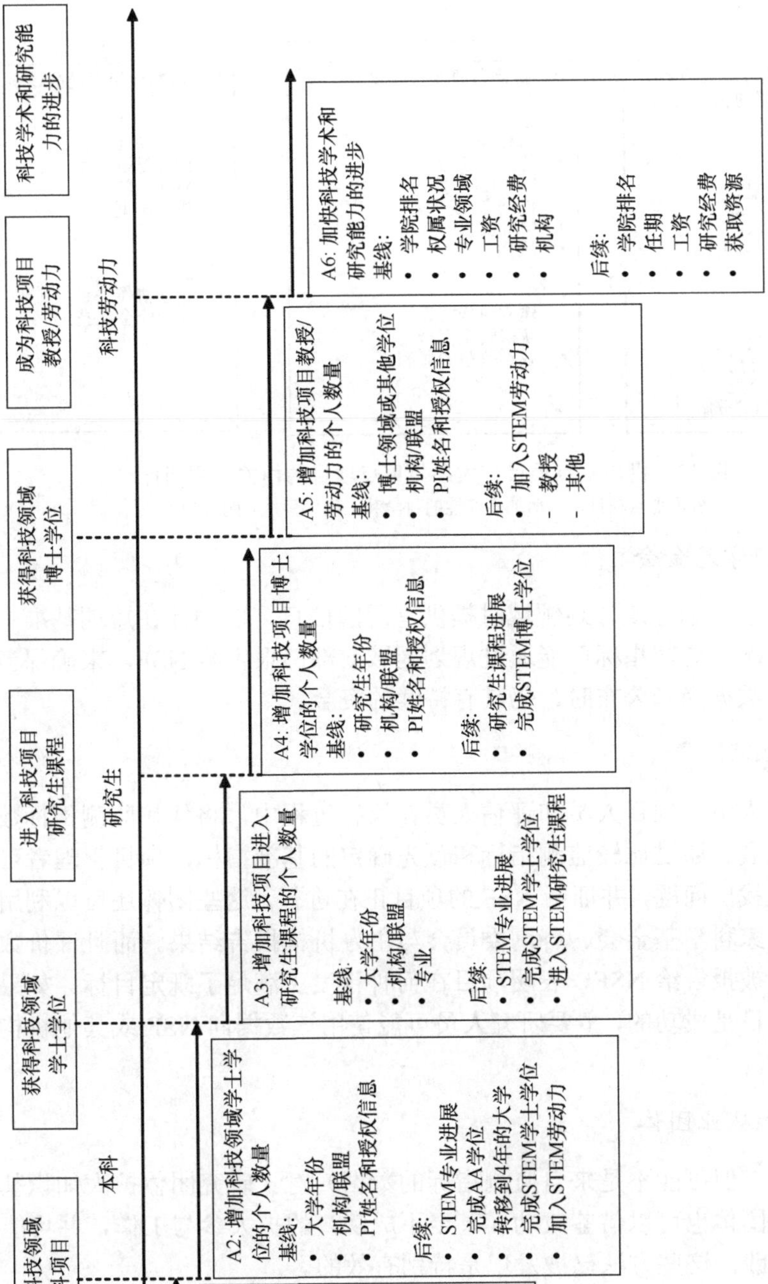

图12 个人项目扩大参与重点项目的相关监测指标

个人项目，以增加多样性的科学和工程（科技）的劳动力

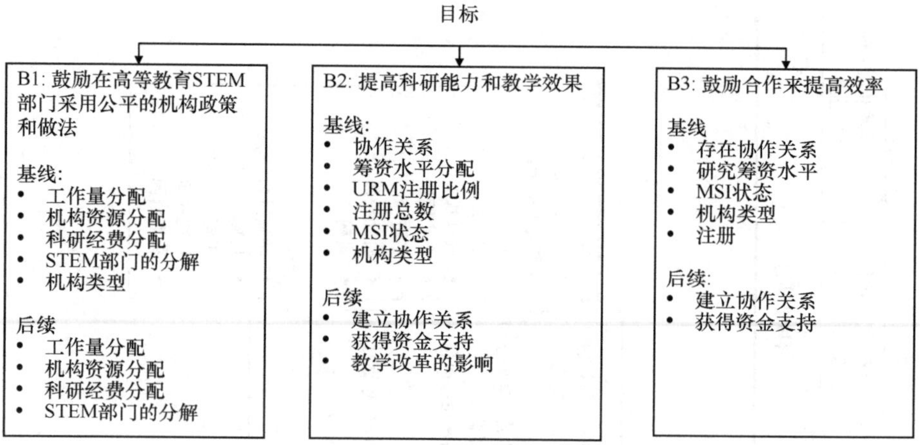

图 13　机构重点项目扩大参与重点项目的相关监测指标

机构重点项目，以增加多样性的科学和工程（科技）的劳动力

2. 国家科学基金会

监测指标也在划分或计划领域时提供有用的信息，以预计在短期基准中各种项目的进展情况。这些指标可能通过规划区域或部门报告给 NSF，来确保当终结性跨项目评估数据尚未公布时，仍具有持续的资金。

3. 个人项目

主要研究人员、项目人员和评估人员在执行过程中，将依赖监测指标数据来评估项目的进展。通过比较监测指标和预先确定的基准指标，项目管理者可以在早期实施阶段找出问题，并证明 NSF 的项目正在进行。这些团体还可以利用评估数据向美国国家科学基金会、咨询委员会与主办机构报告结果。而且评价数据将在项目完成时被报告给 NSF，表明项目在何种程度上满足了既定目标。如果评价数据显示该项目是成功的，主要研究人员可能使用该数据向 NSF 或其他机构要求获得额外资金。

4. 研究和从业团体

评估数据（但可能不是来自监测指标的数据）对于研究团体扩大知识基础是有用的。从业团体也可以借鉴成功（甚至不成功）的扩大参与工作，并可能希望复制这样的实践，这些方法已被发现是特别有效的。

（五）评估结果的等级

评估结果指的是活动的最终目标，不同于更直接或立即可以获得的输出结果。为了开发一种综合策略来证明 NSF 对于扩大参与项目资助的成功，必须从三种等级来考虑建立成功的指标——个人等级、制度等级和基金会等级。而这三个等级中的指标主要包括：①输入指标，用于支持扩大参与项目的资源、贡献和投资；②输出指标，活动、服务、项目和产品的规模及范围；③过程指标，包括扩大参与计划、项目和策略的执行程度；④结果指标，个人、团体、组织、体系和系统及可能包括短期或长期结果的改变。表16总结了扩大参与项目的个人等级、制度等级和基金会等级。

1. 个人等级

有效和可靠的学生水平数据是必不可少的，是可以确定扩大参与项目成功与否的重要途径。个人等级的指标一般都集中在海量学生水平的数据上。一般情况下，学生水平指标可以确定在四个方面，包括：①参与；②保留、坚持和成功；③经验；④态度。

参与，在其最纯粹的意义上说，是指来自弱势群体的学生总人数，特别是STEM的领域或专业内的总数。一些参与的关键指标包括来自弱势群体STEM课程和STEM专业的学生出席情况。STEM专业中大量弱势群体的学生出席情况也是另一项参与指标。

坚持或保留是指弱势群体回到学校后仍然留在STEM领域的学生人数。成功一般是指弱势群体完成STEM学位的学生比例。这些指标包括常年坚持、在课程层面的成功、平均绩点（GPA）、时间度、毕业率和流失率。另一个间接的指标包括学生在STEM相关领域收到的荣誉、奖励和认可。

学生经验包括设计各种指标，可能有助于弱势群体中学生成功经验的分享和理解。这些指标包括参与研究经验的关键点、本科生和研究生的培训、参与桥梁或指导方案、通过活跃的研究人员进行指导、科学会议的演示或出席、知识社交网络的参与。

态度是指一系列学生专注于STEM领域，以及对自己的兴趣和信心关系的认知及态度的指标。

2. 制度等级

扩大参与必须超越解决个别学生的需要，并集中注意确保深层次的制度转型。这涉及怎样的机制改变能明确强调公平、包容和弱势群体中的扩大参与人员（学生、教师、管理员）的信息。在制度方面的指标可以通过五个方面来检验：①人员配备；②政策、计划和机构承诺；③问责和奖励；④监测、跟踪和使用数据进行改进；⑤合作。

人员，是指机构人员，特别是弱势与非弱势群体的高校教师。必须注意收集研究机构STEM教师数据，特别是来自弱势群体的教师。指标包括现有教师的人数统计和弱势与非弱势群体在研究及非研究机构的新员工的招聘模式。

政策、计划和制度承诺指的是机构的海量适当策略，用以证明弱势群体扩大参与的重点和承诺。关键指标的例子包括多样性的中心地位和扩大参与制度战略规划（表 16）。

表 16　扩大参与项目的评价指标

A. 个人等级指标
弱势学生（URS）的参与 • URS 的 STEM 课程 • URS 的 STEM 专业本科生和研究生水平 • 临界量的存在
弱势学生的保留、坚持和成功完成 • 年年坚持 • 课程的成功程度 • 在学位/毕业率上取得成功 • GPA • 荣誉、奖励和认可 • 学位时间（有人口因素，STEM 学科和学生的经验） • 流失率（何时和为什么，STEM 学生改成什么专业） • 发展趋势
弱势学生的经验 • 参与研究的经验，通过本科培训（包括质量的研究经验） • 早期研究生培养过程中的参与 • 介绍和/或出席科学会议（本地、区域、国家或国际） • 参与桥梁或指导方案，以帮助鼓励和保留（特别是本科学生）的 STEM 兴趣 • 积极研究者的指导 • 建议 • 同龄人的知识和社交网络
态度 • STEM 领域优越能力的自信 • 对 STEM 学科和事业的积极态度 • 工作场所和日常生活中 STEM 的价值知识
B. 制度等级指标
人员配备 • 研究和非研究型大学现有的 STEM 系教师（按等级、性别、种族、任期、薪金）统计 • 在研究型大学和非研究型大学中雇用新的 STEM 系（按等级、性别、种族、任期、薪金）的模式
政策、计划和机构的承诺 • 多元化和扩大参与机构战略规划的中心性 • 书面和广泛的多样性使命声明的存在 • 指定机构办公室（如机构的多样性办公室）和人员集中在扩大努力，包括办公室/官员的真实和权威的权力 • 机构预算/资源，致力于多样性和关闭差距 • 存在的制度安排、计划，旨在扩大参与和提高弱势族群的成功服务（如资金解决学生的需要、扩大参与、相关资金的资助和博士后的指导方案、桥梁方案、辅导课程等） • 教师参与学生招生与课程转变的多样性
问责和奖励 • 控股机构的领导机制的存在（如副总裁/院长）责任（如在绩效考核）及他们如何促进扩大参与力度和资源来支持他们的部门/单位 • 在各级（单位/部门/学校/学院/机构）扩大参与的力度，在教师报告和机构报告 • 对于教师发展的激励/奖励条款（如利用技术从事弱势群体）和学术发展扩大参与 • 期望参与的高级水平，以及非少数民族教师扩大参与的努力

续表

B．制度等级指标
监视、跟踪和使用数据进行改进 ● 存在的一个框架，监测成功扩大参与的努力（包括跟踪系统，遵循学生的进展和成功） ● 积极收集、利用和传播数据，以增强扩大参与的成功
合作 ● 大多数机构和少数民族服务机构之间存在双向伙伴关系 ● 与 K-12 学校、社区和各种服务于大部分弱势群体学生的组织建立伙伴关系
C．基金会等级指标
包含信息的重要性，扩大参与，内部和跨部门的 ● 赠款公告和建议的要求 ● 审稿材料和方向 ● 咨询小组材料和方向 ● 游客审查标准委员会
审查和监测，在政策和实践的各个部门在扩大参与方面的影响 ● 审稿人 ● 咨询小组成员 ● 访客委员会 ● 首席调查员 ● 计划人员 ● 基金会管理人员
基金会致力于扩大参与力度，并评估这种努力的效率
致力于扩大参与的基础资源研究
扩大参与知识库的改进
实施策略发现是有效的基础层次，以扩大参与效果

问责和奖励的重点是在制度中扩大参与举措问责指标的存在。样本指标包括持有机构领导的战略存在（副校长/院长）责任（如绩效评估），促进扩大参与力度，扩大教师的活动报告和部门/学校/学院/机构季度/半年度/年度报告，少数族裔教师在扩大参与方面的努力等（表 16）。

监测、跟踪和使用数据涉及机构的正式机制，以收集和利用数据来提高扩大参与工作效率。指标包括一个框架的存在来监测扩大参与工作的成功性（包括跟踪系统来遵循学生的发展和成功）及项目改进数据的使用。

合作包括专注于为大多数弱势群体学生服务的不同实体机构的伙伴关系。这包括大多数机构和少数民族服务机构之间的双向合作关系，绝大部分存在于服务机构、K-12 学校、社区和各种组织。

3. 基金会等级

扩大参与指标对出资者和基金会等级都很重要。特别是投资者经常在扩大参与工作的制度层面充当催化剂，在个人层面收集数据充当必要的燃料。出资者也有责任进行内部的扩大参与。下列指标包括内部和外部的方面。

扩大参与的重要性信息。对 NSF 提交建议及作为审稿人、顾问委员会成员和游客（COV）关注提供材料，寻找重要性信息。一部分建议书希望增加投资概率，而另一部分则希望对 NSF 提出有用的信息。

依照扩大参与的潜力审查和监测基金会的政策及实践。根据环境影响报表、政策和实践模型（即使他们不直接关系到扩大参与）应审查其潜在的影响。例如，使用现有的评论人额外的评论作为一个新评价的主要来源的做法，会对扩大参与产生负面影响。

专业人士参与 NSF 的多样性。参与 NSF 的不同类型人群的人数和比例应该被记录。这包括内部参与者如项目人员、主任和其他人，以及外部参与者如专家咨询小组成员、COV 成员和主要研究人员。

致力于扩大参与的基础资源。资源可以包括分配给扩大参与工作的人员、干预方案、培训机会、材料、旅行费和扩大参与项目的补充。

致力于扩大参与的基础资源研究。扩大参与的研究项目的数量，包括关注扩大参与的研究项目，有任何这类研究的研究部门数量，并提供给这类研究的总金额。

扩大参与知识库的改进。改进可能包括过程变量，如能够链接到不同的数据集；要求弱势群体在纵向和其他国家数据的收集工作，对于扩大参与方面的障碍进行知识补充；扩大参与在不同环境中的可行性。

实施策略发现在基金会等级中有效帮助扩大参与效果。包括发现传播策略在 NSF 内或 NSF 受众之外均有效；监测 NSF 正在实施的策略是否有效；通过采集信息来评定哪些有效策略是为了接受 NSF 和其他机构组织资助而实施的。

（六）NSF 评审对我国的启示

完善基础研究评估的程序和规范，减小与发达国家差距。从上述 NSF 评估案例中不难看出，对于资助项目的评估，任何一个涉及的操作环节都有详细的说明，均建立了具体且周全的操作程序。在这种制度和规范化的保障下能够有效地消除在项目评估程序上的随意性，减少错误的出现，同时避免非学术因素对评估过程及结果的影响，从而提高国家对于基础研究工作投入资金的利用价值。尽管我国早已建立了国家自然科学基金和《国家自然科学基金委员会管理科学部基金项目绩效评估暂行办法》，评估的程序和规范也在不断地调整和改善，但在进步的同时，也应清楚地认识到我国与发达国家在基础研究评估体制上的差距，因此，要进一步完善基础研究评估的程序和规范，拥有一套行之有效的程序和规范才能够指导评估工作的顺利进行。

形成健全的评估体系对持续资助工作具有直接推动作用。科学基金制区别于传统科技行政拨款体制的关键在于以竞争性的方式向科学研究者提供资助，而国家自然科学基金委员会有责任为科学研究者提供资助和管理服务，并对公共财政支持的基金资源配置情况做出交代。在操作层面，NSF 评审特点在于：①采用“目标—结果”的基本逻辑框架；②资助与管理都是绩效评估的主要内容范畴；③自评估与外部专家评估相结合；④定性评估与定量评估相结合；⑤根据制度特征和组织管理特征确定评估周期；⑥评估结果公开并适当地与预算相联系。实际上，在其他典型发达国家和地区所进行的研究类项目资助与评估，以及在美国、日本其他科研机构所进行的类似评估中，都可以看到相似的特点，对我国的国家科学基金资助与评估具有参考价值。

重视公正合理的评估制度将更好地提升国家科学创新水平。NSF 是为科研前沿追求卓越提供服务的组织，其基于价值评议方式择优资助的研究已推动了许多重要的创新，促进了经济的增长。NSF 通过公平和规范管理程序较好地克服了学术权威主义和人情关系网等负面影响。我国政府科研基金的项目申请和合同拨款应该加强透明性和公平性，通过自由竞争，合理配置资源，促使各大学不断向前发展，防止各种潜规则对政府科研基金公平性的侵害。同时创新政府科学基金评价机制，杜绝当前存在的“重立项、轻结项”不良学风及低水平重复研究，支持前沿科学领域探索性研究，提升国家科学创新水平。

第八章　总结和启示

赵晓勤*　江洪波**

[*上海图书馆（上海科学技术情报研究所）]

（**中国科学院上海生命科学信息中心）

一、建立多元化评估主体

（一）发展第三方评估机构，建立多元化评估主体

为了保证科技评估公正、公平与公开的原则，提高评估机构与人员的专业性与独立性，各国都不同程度地引入第三方评估。由表17可以看出，按照承担评估领域的不同，国外第三方评估机构参与科技评估的模式分为两种：一是与政府形成分工，各自负责对不同领域的评估，如在英国，第三方评估机构负责具体科研项目、科研机构和科研人员的评估，而政府负责科技政策和科技发展计划的评估。二是并不限定第三方评估机构能够承担的评估领域，可以根据政府需要在多个领域组织或展开评估工作，例如，日本各级政府在开展自评估的同时，也会根据需要组织第三方评估。从组织形式来看，第三方评估机构的类型十分广泛，可以是中介机构、研究机构和大学等，已经形成了多元化的评估主体；从规模来看，大多数第三方评估机构规模不大，只是承担本国的科技评估工作，但也出现了一些

表17　主要发达国家第三方评估机构发展状况

国家	第三方评估机构的地位及承担的评估领域	第三方评估机构的组织形式
美国	一大批高水平、相对稳定的社会评估机构负责科技成果的评估工作	社会咨询评估机构，包括企业和非营利机构
英国	在评估对象上，与政府形成分工，第三方评估机构承担具体科研项目、科研机构和科研人员的评估，国家科技政策和科技发展计划的评估由政府负责	中介机构和研究机构，如英国科研政策研究室（SP-RU）和科技管理研究中心（ETSU）
德国	德国经济界拥有大量技术转让中介机构和咨询服务机构，它们承担一部分技术评估工作，包揽科研成果的技术评估	技术转让中介机构、咨询服务机构
日本	日本各级政府开展自评估的同时，也会根据需要组织第三方评估，许多大学、研究机构和社会中介机构都作为第三方承担政府委托的评估工作	大学、研究机构和社会中介机构
瑞士	国家性质的评估机构占主导地位，私人评估机构和个体评估者可以受委托方的委托展开评估活动	私人评估机构和个体评估者

大型的跨国科技评估机构，例如，英国的 Technopolis 集团在德国、法国、瑞典、澳大利亚等国家都设有分部，为其他国家和国际组织提供科技政策、科技计划评估方面的服务。

（二）强调专家的外部化和国际化，保证评估专家的权威性和独立性

引入外部专家（尤其是国外专家）是保证评估专家的权威性和独立性，提高评估质量的重要因素。许多国家在科技评估实践中都强调从外部甚至国外选择评估专家。英国生物技术与生物科学研究理事会（BBSRC）对响应模式投资组合的评估中，要求评估小组由与 BBSRC 不密切相关的科学家组成。意大利规定各研究单位成立内部评估委员会时，至少有 2 名国外知名专家。瑞士特别强调在评估过程中聘用国外专家，尤其是针对一些很少拥有本土专家的“小”学科的评估。德国科技评估中更强调外国专家的比例，例如，负责马普学会外部专家评估工作的科学顾问委员会有 70%的专家来自国外，德国对高校实施的“精英计划”的评估专家有 85%来自国外。

二、把握科技评估方法的科学性

（一）进一步强调评估方法的适用性

目前常用的科技评估方法（如同行评议法、文献计量法、经济计量法等）都只能适用于特定的环境及特定的评估对象和目标，随着科技评估对象的日益多样化，各国政府采用多种方法以保证评估方法的适用性：首先，根据评估对象开发特定的评估方法，典型的例子包括英国的阿尔维计划评估、日本对尖端技术探索研究计划的评估、法国对海外技术研究所的评估等，都针对评估问题的特点设计一套评估方法；其次，综合使用多种评估方法，以美国 ATP 计划为例，该计划的评估就综合使用了经济计量法、社会网络分析法、成本指数法、案例研究法等多种方法；最后，在评估发展过程中，针对不同的评估对象不断改进评估方法，例如，英国高等教育基金委员会对大学科研绩效的评估（RAE）每次都会改进评估方法，为了使评估结果能够更清楚地反映大学研究绩效的结构，在 2008RAE 评估中委员会将最终评估的结果改为一个总体质量轮廓（overall quality profile），而不是某一个等级，同时还将研究活动的质量等级由 7 级改为 5 级。

（二）评估方法的工具化

从国外科技评估实践来看，各国更倾向于使用一些简单、易操作的评估方法而不是复杂的数学模型，尤其是借助开发的评估工具提高方法的易操作性。例如，

美国管理与预算办公室（OMB）于 2002 年开发出 PART 工具，用于对包括研发项目在内的 7 类联邦项目的评估。

（三）评估指标的优化

从发展的角度看，科技评估指标也在不断发展。第一代为 20 世纪 50～60 年代，科技评估指标主要体现为创新投入的线性评估，如研发费用、科技人员数量、资金量、技术密度等；第二代为 20 世纪 70～80 年代，在创新投入指标的基础上，加入了可以衡量的创新产出指标，如专利、公开文献发表量、新产品数量、高技术贸易等；第三代到了 20 世纪 90 年代，则主要基于可得的公开数据及调查问卷，用于进行创新评估，但该种方法的困难在于国际数据的有效性和比对；而第四代的科技评估，则还处于“胚胎”阶段，其纳入了诸如知识、无形资产、网络合作等的评估（表 18）。

表 18　创新评估指标的发展

第一代投入指标 20 世纪 50～60 年代	第二代产出指标 20 世纪 70～80 年代	第三代创新指标 20 世纪 90 年代（主流）	第四代过程指标 2000 年至今
• 研发费用 • 科技人员数量 • 资金量 • 技术密度	• 专利 • 公开文献 • 新产品 • 高技术贸易	• 创新调查 • 指数 • 创新生产力对标	• 知识 • 无形资产 • 网络合作 • 需求 • 集群 • 管理技术 • 风险/回报 • 系统活力

资料来源：Center for Accelerating Innovation, George Washington University (2006)

（四）引入“以证据为基础”的评估理念

在英国研究理事会（RCUK）以往对科研计划和项目的事中、事后评估中，主要采用专家组进行评估的方法，即根据评估专家的观点进行判断。由于这种方法主要依靠专家的主观判断而缺少基于证据的考量，对于包含社会问题的广义评估来说已经不十分适用。近年来，英国开始引入“以证据为基础”（evidence-based）的评估，即先由专业机构进行独立分析和评估，为专家组提供评估所需的证据，再由专家组根据这些证据对科技计划或项目等进行评估。

三、注重科技评估结果的应用

近年来，各国政府越来越重视对科技评估结果的应用，把科技评估结果作为科技管理和决策的重要依据，如调整经费、纠正评估对象（如科技计划）中存在的问题，以及调整制定科技政策等。如表 19 所示，科技评估结果主要应用在 3 个方面。

表 19　国外科技评估成果应用实例

用途		实例
调整和制定科技政策		日本多数部门将科技政策评估的结果应用于下一阶段的政策制定中
纠正评估对象的问题		美国在对联邦项目完成 PART 评估后，还会提出用以改进项目结果的活动，联邦部门有责任对它们的每个项目开展 PART 追踪调查活动（follow-up action），或者称为改进计划； 英国将 Alvey 计划的实时评价结果反馈到计划运行中，提前发现问题并做出纠正
调整科研经费资助决策	部门经费	美国联邦机构每年能获得的经费预算与其制定的战略规划、绩效规划和绩效评估结果直接相关； 英国政府部门和机构基于评估结果向财政部门提出的预算申请，每 3～4 年需要向财政部门提交绩效评估报告，以争取保持或增加经费
	科研机构经费	美国能源部将绩效评估结果同实验室的经费挂钩，根据 PEMP 的评估结果确定联邦实验室承包者的收入； 英国高等教育基金委员会（HEFC）根据 RAE 的评估结果对大学分配科研经费；英国生物技术与生物科学研究理事会（BBSRC）将对其直属的研究所的评估结果作为核心战略资助（CSG）分配方案的重要依据
	科技项目经费	美国管理与预算办公室应用 PART 工具对联邦联邦项目的评估结果被作为预算决策的参考信息； 日本学术振兴会（JSPS）以中间评估结果为依据，根据需要增加或减少研究课题的经费，甚至中止课题

1. 调整和制定科技政策

日本政府多数部门已经采用 PDCA 的评估管理模式，将本阶段的评估结果应用于下一阶段的政策制定。

2. 纠正评估对象的问题

在美国用 PART 对联邦项目的评估和英国对 Alvey 计划的评估中，都会将评估结果反馈给评估对象，纠正其存在的问题。

3. 调整科研经费资助决策

以美国为例，根据 GPRA 法案，联邦机构的绩效报告会影响到部门经费预算的批准；能源部通过“绩效评估和度量计划（PEMP）”对 GOCO 管理模式的实验室承包人的绩效进行评估，评估结果直接决定了承包人能够获得经费的数额。

四、国外科技评估发展对我国的启示

我国科技评估活动起步晚，始于 1994 年，它的建立和发展是与我国的科技管理体制的改革相适应的，主要由国家科技评估中心及各个部委的相关部门来承担各自领域的科技评估工作。经过几年的不断实践和经验总结，我国的科技评估工作取得了可喜的成果，但也有不足和值得思考的地方。在分析和了解国外科技评估活动的特点和经验后，可以从以下几个方面加强和改进我国的科技评估工作。

（一）完善评估制度，给予立法保障

欧美发达国家及日本等科技大国为保障科技评估的规范化、制度化，不断出台相关法制，经多年发展其法制体系渐趋完善。与之相比，我国科技评估法制化发展到现在，尚未形成一套行之有效的法律体系。科技评估的地位、作用、权力与责任、程序细则等，以及评估机构的设立、功能和责任、评估范围与程序等，有待立法明确规定，从而使科技评估得到法律强有力的保障，避免流于形式。第一，在科技评估法制进一步完善过程中，一方面可考虑将国外成功经验与我国实际国情相结合，另一方面注意与已有法律法规、规范政策的兼容性。与此同时，要明确科技评估的作用与地位。第二，规范科技评估机构的设立、权责及评估程序等科技评估细则。第三，提高科技评估的法制意识。第四，建立监督与反馈机制，对科技活动进行全过程监督，评估结果及时反馈给被评估对象和相应范围的政府部门及公众，使科技评估工作能够较快地实现制度化和规范化，确保科技评估在提高科技决策质量、优化科技资源配置、促进科技管理创新中起到真正的推动作用。

（二）建立中介机构服务体系，实现评估社会化

目前，我国主要依靠政府力量发展中介组织。科技评估机构由各级科技行政部门组建和管理，政府出资，并服务于政府。基于此，评估机构的“第三方立场”往往受到行政干扰，导致评估工作偏离原有目的和方向。为此，可借鉴国外社会化程度非常高的科技中介服务体系模式，实行出资人和执行者相分离的制度，政府以出资人的身份，将科技评估工作以合同形式委托科技评估中介机构完成，并建立两者之间互相监督的机制。从而，政府部门逐步退出评估主体与评估对象之间的利益关系，由具备独立法人资格的评估中介机构以“第三方”的独立地位与身份介入其中，以减小营私舞弊、暗箱操作的可能性，保障科技评估活动的独立性和客观性，促进科技评估主体多元化发展，正确引导评估中介机构的健康发展。

同时，科技评估机构也应树立公信力。坚持评估的独立性、评估内容与方法的科学性、评估过程的公开性和评估结果的客观公正性，逐步赢取评估的权威性，扩大评估的影响力，增强评估的导向功能。通过社会评估来推动科技创新，提高

科研项目的效率与质量，促进科学研究创造更多的公共价值。

（三）加强评估人员管理，促进评估人力资源建设

我国科技评估起步较晚，在评估人员管理方面仍存在不少亟待解决的问题：第一，有经验的评估专家紧缺；第二，评估队伍人员素质参差不齐；第三，缺乏一种渠道使有能力的评估专家参与评估工作；第四，对科技机构、人员的管理主要为内部垂直管理，缺乏协会监督管理；第五，对科技评估人员的任职、培训与监督，科技评估报告质量尚未立法监控。

科技评估工作的专业性非常强，往往需要具有技术、营销、法律专长和良好产业关系等不同知识背景的人才团队才能胜任。为加快我国科技评估人力资源建设管理，借鉴国外成功的实践经验，需从以下几个方面入手：第一，扩大评估人员的来源范围，以完善专家库的建设；第二，根据评估项目的类型和特点有选择地吸收经济、管理、法律等方面的专家，优化评估队伍结构；第三，创造条件，适时引入国外同行专家参与评估工作；第四，加强对评估人员的培训，建立科技评估人员的信用管理制度，并立法规定评估人员的权力与责任。重在引导评估人员严格自律，推动科技评估健康发展。

（四）提高评估针对性，强化评估结果的导向作用

科技评估是站在一个客观、公正的立场进行的，其评估结果更容易被投资者和决策者接受。正确的评估结果有助于做出科学的投资决策，提高投资效益，实现其导向作用。目前，我国科技评估的导向作用并没有充分发挥，主要表现为：一是科技评估体系分类不明确，同一评估标准评估不同类型的科技评估活动，不能客观、真实、准确地反映不同评估对象的实际情况；二是评估过程中存在重形式走过场、重数量轻质量的倾向，评估结果使用不当等，在一定程度上助长了急功近利、浮躁浮夸等不良风气和短期行为；三是专家评议制和信誉制度不够完善，在一些评估活动中存在重人情拉关系、本位主义等现象，影响了评估工作的客观性与公正性。为解决上述问题，按照“目标导向、分类实施、客观公正、注重实效”的要求，我国借鉴国外成功的实践经验，完善了科技评估体系。实施分类评估，适应大学和研究机构多学科、多类型的特点；充分考虑自然科学、工程科学、医学学科、人文科学与社会科学等之间，基础研究与应用研究之间，学术成果与其他类型成果之间的差别，分层分类选择评估指标，设置评估体系，确定评估标准，探索并采用合适的评估方法，使科技评估更有针对性，更能适应大学和研究机构开展研究的需要。以此提高评估的质量和判断力，进一步增强我国科研管理和决策的科学性，真正实现评估

结果的导向性。

（五）重视事前评估，严把立项关

我国科技评估侧重事后评估，重在评审和奖励科技成果，而对科技项目的事前评估与过程监督力度不够。科技项目立项前期，项目申报者在申报材料中，必须对项目的技术思路、创新点等关键部分一次性叙述详尽，申报材料一旦提交，申报者只需等待评审结果。然而，这并不符合科学研究的规律，从项目提交到项目确定，期间缺少评审机构、评审专家和申报人之间的信息交流和沟通过程。国外发达国家的科技评估非常重视事前评估及评审的互动过程，评估机构将立项评审的结果直接反馈给申报单位及个人，允许申报者做出解释和修改，再递交评审委员会，经多次交流和反馈，直至结果公布。这既能促进评审专家深入了解项目，提高决策可信度，又可保证创新项目和创新理念不被忽视，使其能得到资助以顺利开展。由此可见，注重科技项目事前评估，实施事前互动评审制，以做出科学决策，严把立项关，将是我国科技评估事业的发展方向。